蓝色聚宝盆

董仁威 主编
萧星寒 编著

APETIME
时代出版
时代出版传媒股份有限公司
安徽教育出版社

图书在版编目（CIP）数据

蓝色聚宝盆 / 萧星寒编著. —合肥:安徽教育出版社,2013.12
（少年科学院书库 / 董仁威主编. 第 2 辑）
ISBN 978 - 7 - 5336 - 7753 - 4

Ⅰ.①蓝… Ⅱ.①萧… Ⅲ.①海洋—少年读物
Ⅳ.①P7—49

中国版本图书馆 CIP 数据核字（2013）第 295986 号

蓝色聚宝盆
LANSE JUBAOPEN

出 版 人:郑　可
质量总监:张丹飞
策划编辑:杨多文
统　　筹:周　佳
责任编辑:黄胜富
装帧设计:张鑫坤
封面绘图:王　雪
责任印制:王　琳

出版发行:时代出版传媒股份有限公司　　安徽教育出版社
地　　址:合肥市经开区繁华大道西路 398 号　邮编:230601
网　　址:http://www.ahep.com.cn
营销电话:(0551)63683012,63683013
排　　版:安徽创艺彩色制版有限责任公司
印　　刷:合肥中德印刷培训中心印刷厂

开　　本:650×960
印　　张:13
字　　数:170 千字
版　　次:2014 年 4 月第 1 版　2014 年 4 月第 1 次印刷
定　　价:26.00 元

博览群书与成才

安徽教育出版社邀我主编一套《少年科学院书库》，第一辑16部已于2012年9月出版，忙了将近一年，第二辑13部又要问世了。

《少年科学院书库》有什么特点？"杂"，一言以蔽之。第一辑，数理化天地生等基础学科、应用学科，什么都有一点。第二辑，更"杂"，增加了文理交融的两部书：《万物之灵》和《生命的奇迹》，还增加以普及科学方法为特色的两部书：《探秘神奇大自然》和《气象科考之旅》。再编《少年科学院书库》第三辑的时候，文史哲等社会科学也会编进去，社会科学与自然科学共存。

《少年科学院书库》为什么编得这么"杂"？因为现代社会需要科学家具备广博的知识，需要真正的"博士"，需要文理兼容的交叉型人才。许多事实证明，只有在继承全人类全部文化成果的基础上，才能够在科学技术上进行创新，才能够为人类的进步作出新的贡献。

不久前，我同四川大学的几百名学子进行了一场博览群书与成才关系的互动式讨论。我用大半辈子的切身体会回答了学子们的问题。我说，我是学理科的，在川大学习时却把很多时间放在读杂书上，读中外名著上。当然，课堂内的学习也很重要，是一生系统知识积累的基础，我在大学的课堂内成绩是很好的，科科全优，毕业时还成为全系唯一考上研究生的学生。

但是，不能只注意课堂内知识的学习，读死书，死读书，读书死。而要博览群书,汲取人类几千年创造的文化精粹。

不仅在上大学的时候我读了许多杂书,我从读小学时就开始爱读杂书。我在重庆市观音桥小学读书的时候,便狂热地喜欢上了书。学校的少先队总辅导员谢高顺老师,特别喜欢我这个爱读书的孩子。谢老师为我专门开办了一个"小小图书馆",任命我为"小小图书馆"的馆长。我一面管理图书,一面把图书馆中的几百本书"啃"得精光。我喜欢看什么书?什么书我都喜欢看,从小说到知识读物,有什么看什么。课间时间看,回家看。我常常坐在尿罐(一种用陶瓷做的坐式便桶)上,借着从亮瓦中射进来的阳光看大部头书,母亲喊我吃饭了也赖在尿罐上不起来。看了许许多多的书,觉得书中的世界太精彩了。我暗暗发誓,长大了我要写上一架书,使五彩缤纷的书世界更精彩。这是我一生中立下的一个宏愿。

博览群书使我受益匪浅,走上社会后,我面对复杂的社会、曲折的人生遭遇,总能应用我厚积的知识,找出克服困难的办法,取得人生的成功。

现在,我已写作并出版了 72 部书,主编了 24 套丛书,包括《新世纪少年儿童百科全书》《新世纪青年百科全书》《新世纪老年百科全书》《青少年百科全书》《趣味科普丛书》《中外著名科学家的故事丛书》《花卉园艺小百科》《兰花鉴别手册》《小学生自我素质教育丛书》《四川依然美丽》等各种各样的"杂书",被各地的图书馆及农家书屋采购,实现了我的一个人生大梦:为各地图书馆增加一排书。

开卷有益,这是亘古不变的真理。因此,我期望读者们耐下心来,看完这套丛书的每一部书。

董仁威

(中国科普作家协会荣誉理事、四川省科普作家协会名誉会长、时光幻象成都科普创作中心主任、教授级高级工程师)

2013 年 2 月 26 日

海洋与人的关系比你想象的更深远。

根据古人学家的研究,古猿是人类的远祖,生活在距今 800 万～1 400万年,而南猿是人类的近祖,生活在距今 170 万～400 万年。然而古猿是如何进化到南猿的? 距今 400 万～800 万年,即古猿之后、南猿之前的这一段漫长岁月中,化石资料几乎是空白,被称作"化石空白的年代"。英国人类学教授爱利斯特·哈代据此提出了一个惊世骇俗的假说。哈代认为,人类祖先在这段时间里不是生活在陆地上,而是生活在海洋里——因此找不到化石。古猿或为了躲避猛兽的袭击,或因海水大面积上涨,被迫移居海里。为了适应海洋生活,古猿进化为海猿:身上的毛退化了;皮下脂肪增厚了;女性为水中育儿方便,乳房变大了,头发变长了,便于婴儿抓住——而这些特征都是其他灵长目动物所没有的。几百万年以后,环境再次改变,海猿重返陆地,然后进化为南猿,就是我们的直系祖先。

因为缺乏化石和其他证据的支持,"海猿说"没有得到科学界的广泛认可,但它至少注意到了这样一个事实,即海洋与人的关系无比密切。

事实上,远古时期,地球被海洋完全覆盖,最初的生命诞生于 36 亿年前的海洋,并在生命史的大部分时间里,都生活在海洋里。直到 5 亿年前,陆地隆起,才有植物和动物勇敢地离开海洋,开始尝试着在陆地生活。海洋是所有生命的故乡,人类也不例外。在人身上,存留了太多海洋的印记。

经分析,人的血浆中所含钠、钾、钙、氯、氧等化学元素的百分比和海洋非常相似。哺乳动物包括人在内的胎儿都是悬浮在母体子宫内的羊水中发育的。最适合孕妇的运动是游泳,而婴儿一出生无需学习就能游泳甚至潜水而不会溺水而死。人体各器官组织中含有水分约占 70％。人的新陈代谢都离不开水，所有生命活动如消化、循环、物质交换都是在水的参与下完成的。人体本身就是一个小小的"海洋"。

"海"字，可以理解为"水为人之母"，反映的正是人与水不可分割的关系。这种关系，既包括人类的个体，也包括人类这个族群。

在过去，海洋就像一个巨大的蓝色聚宝盆，为我们提供了不可计数的财富；现在，我们正在努力发现和发掘海洋这个蓝色聚宝盆里的宝藏；在可以预见的将来，海洋可能成为我们的栖居之地；甚至在更遥远的将来，我们飞上浩瀚的星空，要寻找的也是有海洋的星球。

海洋与人的关系比你想象的更深远。

正如约翰·肯尼迪所说："盐在人类血液与海洋里的浓度完全相同……而且当我们回溯到海洋时……我们正是回溯到了人类的发祥地。"

萧星寒　于重庆

目录

认识海洋

海洋，神秘而深沉，富足而慷慨。

海洋总面积约为 3.6 亿平方千米，约占地球表面积的 71％；海洋中含有 13 亿 5 000 多万立方千米的水，约占地球上总水量的 97％。

目前为止，人类已探索的海洋只有 5％，还有 95％的海洋是未知的。有科学家说，我们对于月球的了解，都多于对海洋的了解。

探索海洋的秘密，认识海洋，我们不光能知道得更多，还能得到知识以外的东西。

海洋的形成

研究海洋的科学是海洋学。史前时期,人类就已经在海洋上旅行,从海洋中捕鱼,以海洋为生,对海洋进行探索。在航空发展之前,航海是人类跨大陆运输和旅行的主要方式。但对于海洋的研究一直进展不大,对深海海底的探索直到 20 世纪中叶才真正开始。

现在的研究证明,大约在 50 亿年前,从太阳星云中分离出一些大大小小的星云团块。它们一边绕太阳旋转,一边自转。在运动过程中,互相碰撞,有些团块彼此结合,由小变大,逐渐成为原始的地球。星云团块碰撞过程中,在引力作用下急剧收缩,加之内部放射性元素蜕变,使原始地球不断受到加热增温;当内部温度达到足够高时,地内的物质包括铁、镍等开始熔解。在重力作用下,重的下沉并趋向地心集中,形成地核;轻者上浮,形成地壳和地幔。在高温下,内部的水分汽化与气体一起冲出来,飞升入空中。但是由于地心的引力,它们不会跑掉,只在地球周围,成为气水合一的圈层。

位于地表的一层地壳,在冷却凝结过程中,不断地受到地球内部剧烈运动的冲击和挤压,因而变得褶皱不平,有时还会被挤破,形成地震与火山爆发,喷出岩浆与热气。开始,这种情况发生频繁,后来渐渐变少,慢慢稳定下来。这种轻重物质分化,产生大动荡、大改组的过程,大概是在 45 亿年前完成。

地壳经过冷却定形之后，地球就像个久放而风干了的苹果，表面皱纹密布，凹凸不平。高山、平原、河床、海盆，各种地形一应俱全。

　　在很长的一个时期内，天空中水汽与大气共存于一体，浓云密布，天昏地暗。随着地壳逐渐冷却，大气的温度也慢慢地降低，水汽以尘埃与火山灰为凝结核，变成水滴，越积越多。由于冷却不均，空气对流剧烈，形成雷电狂风，暴雨浊流，雨越下越大，一直下了很久很久。滔滔的洪水，通过千川万壑，汇集成巨大的水体，这就是原始的海洋。

　　原始的海洋，海水不是咸的，而是带酸性又缺氧的。水分不断蒸发，反复地成云致雨，重又落回地面，把陆地和海底岩石中的盐分溶解，不断地汇集于海水中。经过亿万年的积累融合，才变成了大体均匀的咸水。同时，由于大气中当时没有氧气，也没有臭氧层，紫外线可以直达地面，靠海水的保护，生物首先在海洋里诞生。大约在 38 亿年前，即在海洋里产生了有机物，先有低等的单细胞生物。在 6 亿年前的古生代，有了海藻类，在阳光下进行光合作用，产生了氧气，慢慢积累，结果还形成了臭氧层。此时，生物才有机会登上陆地。

　　总之，经过水量和盐分的逐渐增加，加上地质历史的沧桑巨变，原始海洋逐渐演变成今天的海洋。

　　海洋一词我们通常是连在一起用的。但你知道吗，海和洋其实是有区别的。

　　洋，是海洋的中心部分，是海洋的主体。世界大洋的总面积约占海洋面积的 89%。大洋的水深，一般在 3 000 米以上，最深处有 1 万多米。大洋离陆地遥远，不受陆地的影响。世界海洋分布和盐度的变化不大。每个大洋都有自己独特的洋流和潮汐系统。大洋的水色蔚蓝，透明度很大，水中的杂质很少。世界共有 4 个大洋，即太平洋、印度洋、大西洋和北冰洋。

汹涌波涛

　　海,在洋的边缘,是大洋的附属部分。海的面积约占海洋面积的11％,海的水深比较浅,平均深度从几米到2～3千米。海临近大陆,受大陆、河流、气候和季节的影响,海水的温度、盐度、颜色和透明度,都受陆地影响,有明显的变化。夏季,海水变暖,冬季水温降低;有的海域,海水还要结冰。在大河入海的地方,或多雨的季节,海水会变淡。由于受陆地影响,河流夹带着泥沙入海,近岸海水混浊不清,海水的透明度差。海没有自己独立的潮汐与海流。海可以分为边缘海、内陆海和地中海。边缘海既是海洋的边缘,又是临近大陆前沿;这类海与大洋联系广泛,一般由一群海岛把它与大洋分开。我国的黄海、东海、南海就是太平洋的边缘海。内陆海,即位于大陆内部的海,如欧洲的波罗的海等。地中海是几个大陆之间的海,水深一般比内陆海深些。世界主要的海接近50个。太平洋最多,大西洋次之,印度洋和北冰洋差不多。

大海的颜色

　　问大家一个问题:海洋是什么颜色的? 大家一定会毫不犹豫地回答:蓝色。再问:真的吗? 估计就有人开始犹豫了,可是也想不出别的答案来。事实上,蓝色只是海洋的一种颜色,海洋也是五颜六色的。

　　翻开世界地图集,黄海、红海、黑海、白海会映入我们的眼帘。从字面意思上就可以知道这些海的颜色。海的颜色不同,与太阳光有关。

蔚蓝色的大海

　　太阳光线眼看是白色,可它是由红、橙、黄、绿、青、蓝、紫七种可见光所组成。这七种光线波长各不相同,而不同深度的海水会吸收不同波长的光束。波长较长的红、橙、黄等光束射入海水后,先后被逐步吸收,而波长较短的蓝、青光束射入海水后,遇到海水分子或其他微细的、悬在海洋里的浮体,便向四面散射和反射,特别是海水对蓝光吸收的少,而反射的多,越往深处越有更多的蓝光被折回到水面上来,因此,我们通常看到的海洋便是蔚蓝色一片了。

既然海水散射蓝色光,那么不论哪个大海都应该是蔚蓝色的,但实际上,海洋是红、黄、蓝、白、黑五色俱全,这又是为什么呢?

这是由于某种海水变色的因素强于散射所生的蓝色时,海水就会改头换面,五彩缤纷了。

影响海水颜色的因素有悬浮质、离子、浮游生物等。大洋中悬浮质较少,颗粒也很微小,其水色主要取决于海水的光学性质,因此,大洋海水多呈蓝色;近海海水,由于悬浮物质增多,颗粒较大,海水多呈浅蓝色;近岸或河口地域,因泥沙颜色使海水发黄;某些海区当淡红色的浮游生物大量繁殖时,海水常呈淡红色。

我国黄海,特别是近海海域的海水多呈土黄色且混浊,主要是流经黄土高原的又黄又浊的黄河水入海染黄的,因而得名黄海。

不仅泥沙能改变海水的颜色,海洋生物也能改变海水的颜色。介于亚、非两洲间的红海,一边是阿拉伯沙漠,一边是撒哈拉大沙漠,不管风往哪边吹,吹来的都是干燥的风,导致海水水温及海水中含盐量都比较高,因而海内红褐色的藻类大量繁衍,成片的珊瑚以及海湾里的红色的细小海藻都为之镀上了一层红色的色泽,所以看到的红海是淡红色的,因而得名红海。

黑海之所以黑,是因为黑海里跃层所起的障壁作用,使海底堆积大量污泥,促成海水变黑。另外,黑海多风暴、阴霾,特别是夏天狂暴的东北风,在海面上掀起灰色的巨浪,海水抹黑一片,故得名黑海。

白海是北冰洋的边缘海,深入俄罗斯西北部内陆,气象异常寒冷,结冰期达 6 个月之久。白海之所以白,是因为掩盖在海岸的白雪不化,厚厚的冰层冻结住它的港湾,海面被白雪覆盖。由于白色面上的强烈反射,致使我们看到的海水是一片白色。

彩色的海,是大自然的杰作。

台风传奇

在大家心目中,台风是个极其可怕的字眼。每次在新闻中听到它,都是在说,某某台风造成了多大多大的破坏。然而,台风真的是这样嘛? 你真的了解台风吗?

(一)什么叫台风?

在气象学上,按世界气象组织定义:当热带气旋中心持续风速达到12级(即每秒 32.7 米或以上)时就需要特别命名。生成于大西洋、加勒比海及北太平洋东部称为飓风(hurricane);而生成于西北太平洋和我国南海称为台风(typhoon)。

过去我国习惯将所有的热带气旋称为台风。为什么叫台风呢? 一个广为人们接受的说法是,由于台湾位于太平洋和南海大部分台风北上的路径要冲,很多台风是穿过台湾海峡进入大陆的。从大陆方向上看,这种风暴是来自台湾,称其为台风就是很自然的事了。

现在,对热带气旋的认识加深了,按照其强度的不同,依次可分为六个等级:热带低压、热带风暴、强热带风暴、台风、强台风和超强台风。因此,不是所有的大风都能称之为台风。

一般而言,台风(包括热带风暴)一般发生在夏秋之间,最早发生在5月初,最迟发生在 11 月。每年在太平洋上都会生成 20～30 个热带气旋,其中一半左右会成长为台风,最终会移动到陆地,影响普通人正常生活的，一般会有 5 个左右，多的年份会有 10 个之多。

气象卫星拍摄的台风

(二)形成台风的条件和过程

台风不是说有就有的，而是有其形成的条件和过程。

第一阶段为孕育阶段。

经过太阳 1 天照射，海面上形成了很强盛的积雨云，这些积雨云里的热空气上升，周围较冷空气源源不绝地补充进来，再次遇热上升，如此循环，使得上方的空气热，下方的空气冷，上方的热空气里的水汽蒸发扩大了云带范围，云带的扩大使得这种运动更加剧烈。不断扩大的云团受到地转偏向力影响，逆时针旋转起来(在南半球是顺时针)，形成热带气旋，热带气旋里旋转的空气产生的离心力把空气都往外甩，中心的空气越来越稀薄，空气压力不断变小，形成了热带低压——台风初始阶段。

第二阶段为发展增强阶段。

因为热带低压中心气压比外界低，所以周围空气涌向热带低压，遇热上升，供给了热带低压较多的能量，超过输出能量，此时，热带低压里空气旋转更厉害,中心最大风力升高,中心气压进一步降低。等到中心最大风力达到一定标准时,就会提升到更高的一个级别,热带低压提升到热带风暴,再提升到强热带风暴、台风,有时能提升到强台风甚至超强台风,这要看能量输入与输出比决定,输入能量大于输出能量,台风就会增强,反之就会减弱。

第三阶段是成熟阶段。

台风经过漫长的发展之路,变得强大,具有造成灾害的能力,如果这时登陆,就会造成重大损失。

最后是消亡阶段。

台风消亡路径有两个:第一个是台风登陆陆地后,受到地面摩擦和能量供应不足的共同影响,台风会迅速减弱消亡,消亡之后的残留云系可以给某地带来长时间强降雨。第二个是台风在东海北部转向,登陆韩国或穿过朝鲜海峡之后,在日本海变性为温带气旋,之后,慢慢消亡。

(三)台风的结构

发展成熟的台风,其底层按辐合气流速度大小分为三个区域:

①外圈,又称大风区,自台风边缘到涡旋区外缘,半径200～300千米,其主要特点是风速向中心剧增,风力可达6级以上。

②中圈,又称涡旋区,从大风区边缘到台风眼壁,半径约在100千米,是台风中对流和风、雨最强烈区域,破坏力最大。

③内圈,又称台风眼区,半径5～30千米。多呈圆形,风速迅速减小或静风。

台风内部也是风起云涌,气象万千的。各种气象要素和天气现象的水平分布可以分为外层区(包括外云带和内云带)、云墙区和台风眼区三个区域;沿垂直方向可以分为低空流入层(在1千米以下)、高空流出层(在10千米以上)和中间上升气流层(1~10千米附近)三个层次。

在台风外围的低层,有数支同台风区等压线的螺旋状气流卷入台风区,辐合上升,促使对流云系发展,形成台风外层区的外云带和内云带;相应云系有数条螺旋状雨带。卷入气流越向台风内部旋进,切向风速也越来越大,在离台风中心的一定距离处,气流不再旋进,于是大量的潮湿空气被迫强烈上升,形成环绕中心的高耸云墙,组成云墙的积雨云顶可高达19千米,这就是云墙区。

台风中最大风速发生在云墙的内侧,最大暴雨发生在云墙区,所以云墙区是最容易形成灾害的狂风暴雨区。当云墙区的上升气流到达高空后,由于气压梯度的减弱,大量空气被迫外抛,形成流出层,只有小部分空气向内流入

台风眼

台风中心,并下沉,造成晴朗的台风中心,这就是台风眼。台风眼半径为10~70千米,平均约25千米。因此,常常用台风眼比喻社会大动荡中安静的局部地方。

(四)台风的危害

台风过境时常伴随着大风和暴雨或特大暴雨等强对流天气,主要就是台风云墙区造成的。虽然台风眼很平静,但是不要想靠它来回避台风的危害。因为台风移动的速度也有每小时10~20千米,而受大气环境和地球引力的双重影响,台风的风向变化非常之快,常常出人预料。

靠近海岸和登陆后的台风破坏力巨大。其登陆时的风向一般先北后

南,对不坚固的建筑物、架空的各种线路、树木、海上船只、海上网箱养鱼、海边农作物等破坏性很大。同时常伴有大暴雨、大海潮、大海啸。非人力可以抗拒,极易造成人员伤亡。

古代的人只能对台风的肆虐听之任之,除了祈求龙王爷不要发怒、妈祖娘娘保佑之外,什么也做不了。进入现代,科学家对台风进行了专门的研究,气象卫星和各种海上空中检测设备时刻监视着相关海域,热带气旋一形成,工作人员就开始跟踪、预测、演算,一旦有登陆的可能,就会发布台风预报,叫人们早早地做好准备。所以,现在台风造成的危害比起以前来,已经轻微了许多。然而,也不能说,就可以忽视台风的存在。

台风引发的巨浪

2006年8月初的西北太平洋注定是不太平的,短短10天便集中暴发4个热带气旋,这其中,就有创下多个第一的超强台风"桑美"(Saomai)。

"桑美"于8月5日晚在关岛东南方的西北太平洋洋面上生成,生成后以每小时20~25千米的速度向西北方向移动,强度逐渐加强,7日加强为强热带风暴,下午加强为台风,9 日上午加强为强台风,当天傍晚前后加强为超强台风,并于当晚进入东海海面,移速加快,增至每小时 30 千米左右,并于 10 日 17 时 25 分在浙江省苍南县南部沿海登陆,登陆时中心附近最大风力有 17 级(60 米/秒),中心附近最低气压为 920 百帕,其登陆时的风速之大,让它当之无愧地成为 1949 年以来登陆我国大陆最强的台风。登陆后继续向西北偏西方向移动,强度迅速减弱,11 日上午在江西弋阳县境内减弱为热带低压,晚上在湖北境内逐渐消失。

"桑美"具有中心气压特别低、风速特别大、降雨特别集中、发展迅速、移动快、影响时间短、雨量风力集中等特点,因而破坏力极大,超出了人们的承受能力,成为近 10 年来登陆中国台风中造成伤亡最惨重的一个台风。

据不完全统计,浙江、福建、江西、湖北 4 省共有 665.65 万人受灾,因灾死亡 483 人,紧急转移安置 180.16 万人,农作物受灾面积 29 万公顷,绝收面积 3.6 万公顷,倒塌房屋 13.63 万间,直接经济损失 196.58 亿元。

(五)台风的好处

在我国沿海地区,每年夏秋两季都会或多或少地遭受台风的侵袭。作为一种灾害性天气,可以说,提起台风,没有人会对它表示好感。然而,凡事都有两重性,台风是给人类带来了灾害,但假如没有台风,人类将更加遭殃。科学研究发现,台风对人类起码有如下几大好处:

其一,台风这一热带风暴为人们带来了丰沛的淡水。台风给中国沿海、日本海沿岸、印度、东南亚和美国东南部带来大量的雨水,占这些地区总降水量的 1/4 以上,对改善这些地区的淡水供应和生态环境都有十分重要的意义。

其二,靠近赤道的热带、亚热带地区受日照时间最长,干热难忍,如果没有台风来驱散这些地区的热量,那里将会更热,地表沙荒将更加严重。同时寒带将会更冷,温带将会消失。我国将没有昆明这样的春城,也没有四季常青的广州,"北大仓"、内蒙古草原亦将不复存在。

其三,台风最高时速可达 200 千米以上,所到之处,摧枯拉朽。这巨大的能量可以直接给人类造成灾难,但也全凭着这巨大的能量流动使地球保持着热平衡,使人类安居乐业,生生不息。

其四,台风还能增加捕鱼产量。每当台风吹袭时翻江倒海,将江海底部的营养物质卷上来,鱼饵增多,吸引鱼群在水面附近聚集,渔获量自然提高。

总而言之,台风除了给登陆地区带来暴风雨等严重灾害外,也有一定的好处。所以,下次台风来的时候就不要一味地指责它,它是海洋与陆地之间交换物质和能量的使者。

(六)台风的命名

刚才提到了 2006 年的超强台风叫"桑美"。大家肯定已经注意到了,新闻里也常常提到某个台风的名字。那这些名字是怎么来的呢?事实上,现在国际上对于台风名字的命名和使用有一套严格的规定。

人们对台风的命名始于 20 世纪初。据说,首次给台风命名的是 20世纪早期的澳大利亚预报员克里门兰格,他把热带气旋取名为他不喜欢的政治人物。

在西北太平洋,正式以人名为台风命名始于 1945 年,开始时只用女人名,以后据说因受到女权主义者的反对,从 1979 年开始,用一个男人名和一个女人名交替使用。

1997 年 11 月 25 日至 12 月 1 日,在香港举行的世界气象组织(简称WMO)台风委员会第 30 次会议决定,西北太平洋和南海的热带气旋采用具有亚洲风格的名字命名,并决定从 2000 年 1 月 1 日起开始使用新的命名方法。

命名表共有 140 个名字,分别由世界气象组织所属的亚太地区的中国、美国等 14 个成员国和地区提供。中国提出的 10 个是龙王(后被"海葵"替代)、悟空、玉兔、海燕、风神、海神、杜鹃、电母、海马和海棠。有趣的是,台风的名字很少有灾难的含义,大多具有文雅、和平之意,如茉莉、玫瑰、珍珠、莲花、彩云等,似乎与台风灾害不大协调。

通常情况下,命名表里的 140 个名字会按顺序年复一年地循环重复使用。但由于某些台风因造成巨大损害或者命名国提出更换等原因,有一些台风名被弃用。比如,2010 年的第 11 号超强台风"凡亚比"在中国东南部、台湾总共造成 101 人死亡,41 人失踪,因灾伤病 328 人,紧急转移安置 12.9 万人,直接经济损失 51.5 亿元人民币。"凡亚比"的名字就从命名表中取消,替补名为"莱伊"。先前提到的"桑美",也被除名了。以后提到"桑美",就只会专指 2006 年第 14 号超强台风。

恐怖海啸

2004 年 12 月 26 日星期日当地时间早上 7 点,在距离印度尼西亚苏门答腊岛 160 千米的印度洋,发生了 8.7 级大地震。这是有历史纪录以来,排名第五的超强大地震。

专家分析,这次地震是发生在板块边缘的逆冲型地震。苏门答腊以北地区位于印度板块边缘,板块边缘的一个长距离破裂带通过长时间积累,蓄积了巨大能量,最后这些能量在 26 日集中释放出来,这就是此次大地震的直接原因。虽然此次地震震级很高,使周边地区都有震撼,美国科学家分析说,这场地震可能使地球发生了"摇摆",自转有极其微小的加快,而地球轴心也略微倾斜,但对人类造成直接威胁的是地震引起的海啸。

此次地震引发的印度洋海啸袭击了南亚和东南亚部分国家,甚至危及远在索马里的海岸居民。仅在印尼就死了 16.6 万人,斯里兰卡死了 3.5 万人。印度、印尼、斯里兰卡、缅甸、泰国、马尔代夫和东非有 200 多万人无家可归。最后统计,此次海啸造成近 30 万人死亡。

海啸真可怕。就让我们一起走进海啸。想要战胜海啸,就必须先了解它。

(一)什么叫海啸?

海啸是一种灾难性的海浪。在相当长的一段时间里,人们以为海啸是海神发怒的结果。因为常说大海"无风三尺浪",风是浪形成的主要动力,可是为什么极好的天气里也会有海啸发生呢？现在我们知道原因了。

海啸可分为 4 种类型,即由气象变化引起的风暴潮、火山爆发引起的火山海啸、海底滑坡引起的滑坡海啸和海底地震引起的地震海啸。其中,地震海啸是威力最大的。当海底发生地震时,海底地形急剧升降变动引起海水强烈扰动。其机制有两种形式：

"下降型"海啸——某些构造地震引起海底地壳大范围的急剧下降,海水首先向突然错动下陷的空间涌去,并在其上方出现海水大规模积聚,当涌进的海水在海底遇到阻力后,即翻回海面产生压缩波,形成长波大浪,并向四周传播与扩散,这种下降型的海底地壳运动形成的海啸在海岸首先表现为异常的退潮现象。1960 年智利地震海啸就属于此种类型。

滔天巨浪

"隆起型"海啸——某些构造地震引起海底地壳大范围的急剧上升,海水也随着隆起区一起抬升,并在隆起区域上方出现大规模的海水积聚,在重力作用下,海水必须保持一个等势面以达到相对平衡,于是海水从波源区向四周扩散,形成汹涌巨浪。这种隆起型的海底地壳运动形成的海啸波在海岸首先表现为异常的涨潮现象。1983 年 5 月 26 日,日本海 7.7 级地震引起的海啸属于此种类型。

海啸的传播速度与它移行的水深成正比。在太平洋,海啸的传播速度一般为每小时 200 千米到 1 000 多千米。海啸不会在深海大洋上造成灾害,正在航行的船只甚至很难察觉这种波动。海啸发生时,越在外海越安全。

一旦海啸进入大陆架,由于深度急剧变浅,波高骤增,可达 20 至 30 米,这种巨浪可带来毁灭性灾害。

(二)海啸的危害

海啸来袭之前,沙滩会出现一幅奇景:海水大量消退,仿佛海面突然间下降了许多。但是,不要被这假象所迷惑,收缩是为了积聚力量,当海潮再次涌上沙滩的时候,你会发现它比你见过的任何海浪都要高,都要大。

海潮为什么先是突然退到离沙滩很远的地方,过一段时间之后才重新上涨?

2011 年 3 月 11 日日本海啸

大多数情况下，出现海面下落的现象都是因为海啸冲击波的波谷先抵达海岸。波谷就是波浪中最低的部分，它如果先登陆，海面势必下降。同时，海啸冲击波不同于一般的海浪，其波长很大，因此波谷登陆后，要隔开相当一段时间，波峰才能抵达。这时，很多不了解情况的人正好奇地走进退潮区，惊奇地看着那些活蹦乱跳的鱼，根本想不到潮水会卷土重来……

　　海啸造成的后果我们已非常熟悉。尽管如此，还是有很多人不断追问：海水为什么能产生如此巨大的破坏力？当我们游泳时，水是那么温柔。这是因为，当海水以每小时700千米的速度冲向陆地，它就有了巡航导弹的威力，而且坚硬如混凝土。这种冲击力带来的强大压力能当场夺取不幸者的生命。第一批死者不是被淹死的，而是被海水击打致死的。大水卷走巨轮与一栋栋大厦，抬起来客车，并在几千米之外将它们抛下来，对于海啸来说，这都是小菜一碟。

　　很不幸的是，海啸带来的并不仅仅是一波浪潮。在外海，前浪与后浪之间还相隔数十千米，越是接近陆地，间隔越小。尽管如此，两波海浪袭击陆地的间隔时间足足有数分钟，甚至一刻钟，很多人因为不了解这一点而命丧黄泉。这些人都是在第一波浪潮过去后，跑到事发地点查看自己的房子，结果被第二波浪潮卷走。海浪重回大海时会形成漩涡，面对这种漩涡，即使是出色的游泳选手也束手无策。如果你有幸在海浪的重击下逃过一劫，会希望可以找到坚固的堤坝或大树求生。如果你幸运地找到了，那么紧接着又得展开另一场较量——漩涡力量与肌肉力量的较量，而这场较量中，结局通常是后者败北。

海啸过后

(三)日本海啸

2011 年 3 月 11 日,日本发生里氏 9.0 级地震,震中位于宫城县以东太平洋海域,震源深度 20 千米。东京有强烈震感。日本气象厅随即发布了海啸警报,称地震将引发约 6 米高海啸,后修正为 10 米。根据后续研究表明,当时的海啸最高达 23 米。

对海底海啸仪的数据进行分析后发现,在地震发生后五六分钟,海面至少上升了 3.5 米。这是首次观测到海面高度出现这么大的变化。地震后仅 30 分钟,就有 3 米高的海啸到达了日本列岛。

日本大地震及其引发的海啸最后确认造成 15 843 人死亡、3 469 人失踪。此次地震导致地面下沉,致日本岛地震震区沿海部分地区沉到海平面以下,沉没部分面积相当于大半个东京。

由于地处地壳板块交界处,日本一直是一个地震和海啸频发的国家,历史上造成重大伤亡的地震海啸也不计其数。海啸这个词语在日语中写作"津波"。津指港口,而波指波浪,因此津波指的是在港口或者海岸附近形成的波浪。据说,日本渔夫经常在出海捕鱼安然归来时,却发现家园已成一片废墟。就是在这种地震海啸频繁的环境里,日本人锻炼出无与伦比的应对灾难的能力。即使面对 9.0 级地震引发的超级海啸,他们也能从容应对。这次海啸的死亡人数远低于 2004 年印度洋海啸,就是明证。

由此可见,台风也好,海啸也好,都是海洋的一部分。研究它们,规避它们,征服它们,是我们到海里淘宝的必经之路。

(四)百余年来最大的几次海啸

▲1883 年,印尼喀拉喀托火山爆发,引发海啸,使印尼苏门答腊和爪哇岛受灾,3.6 万人死亡。

▲1896 年,日本发生 7.6 级地震,地震引发的海啸造成 2 万多人死亡。

▲1906 年,哥伦比亚附近海域发生地震,海啸使哥伦比亚、厄瓜多尔一些城市受灾。

▲1960 年,临近智利中南部的太平洋海底发生 9.5 级地震(有史以来最强烈的地震),并引发历史上最大的海啸,波及整个太平洋沿岸国家,造成数万人死亡,就连远在太平洋西边的日本和俄罗斯也有数百人遇难。

▲1992 年至 1993 年共 10 个月里,太平洋发生 3 次海啸,约造成 2 500 人丧生。

▲2004 年 12 月，印度洋海啸，近 30 万人死亡。

▲2011 年 3 月 11 日，日本发生 9.0 级地震，引发巨大海啸，环太平洋国家受灾。

深海探险的先锋

　　瑞士著名的气象学家奥古斯特·皮卡德 1933 年认为，要使深潜器下潜到 2 000 米以下，必须在深潜器上加一个压力舱加以保护。他设计出一种独特的"水下气球"潜水器，分为钢制的潜水球和像船一样的浮筒。浮筒内充满比海水比重小得多的轻汽油，为潜水器提供浮力；同时又在潜水球内放进铁砂等压舱物，以助它下沉。潜水器完全抛掉系缆绳，在海洋里自由沉浮和航行。

　　二战结束后，皮卡德在比利时国家科研基金会的资助下，建成了第一艘"水下气球"式"弗恩斯"3 号深潜器。1948 年 11 月 3 日，他的深潜器缓缓潜入水中。深潜器的载人舱是一个直径为 2 米的钢制球壳；除了控制仪器外，球壳内仅仅能够挤下两个人；载人舱与一个装有 2.8 万加仑汽油的油箱相连，以产生足够的浮力。与载人舱相连的还有充水的气箱和被电磁力吸附的铁块。深潜器上浮时通过排出球内的水和抛弃铁块来实现；下潜时则靠排出汽油，在剩余的油箱空间注满海水，以增加重量。奥古斯特·皮卡德与英纳德把深潜器潜到水下 26 米处。这次实验证明了只需艇上的驾驶员控制，同样能够完成自由升降。皮卡德又设计了一套遥控装置。第二次试验，深潜器下潜到了 1 370 米的深度。当它浮出水面时，深潜器载人舱严重进水，外形因受巨大压力而变形。尽管如此，他的试验，使人类向深海探索的历程跨入一个崭新的纪元。

1951年,皮卡德带领儿子杰奎斯·皮卡德来到意大利港口城市的里雅斯特,在瑞典有关部门的支持下设计他的第二艘深海潜水器。这艘深潜器长15.1米,宽3.5米,艇上可载两三名科学家。皮卡德父子将它命名为"的里雅斯特"号。1953年的一天,皮卡德父子驾驶着"的里雅斯特"号潜入1 088米深的海底。第二次在第勒尼安海,皮卡德父子乘坐深潜器达到3 048米深的海中,又一次创下了人类深海潜水的新纪录。同年9月,"的里雅斯特"号第三次载着皮卡德父子在地中海下潜到3 150米的深处。在皮卡德父子的直接领导下,美国海军从德国购置了一种耐压强度更高的克虏伯球,建造新型的"的里雅斯特"号深潜器。1958年,新的"的里雅斯特"号首次试潜就潜到5 600米;第二年又潜到7 315米。"的里雅斯特"号潜水器在1960年1月20日用了4小时零43分钟的时间,潜到了世界海洋最深处——马里亚纳海沟,最大潜水深度为10 916米。皮卡德父子实现了他们的最终梦想,成为深潜器设计最成功的人和传奇式的英雄。

"的里雅斯特"号

20 世纪 60 年代出现的"的里雅斯特"型深潜器是一个固定在储油器上的球形钢制吊舱。储油器中装满了比水轻的汽油，能在必要的情况下使潜水器浮出水面。下水前，把几吨重的铁沙压载装进特殊的储油罐中，在升上水面前，打开储油罐，甩掉压载。由蓄电池供电的小型电动机保证螺旋桨、舵和其他机动装置运转。这种类型的深潜器不能灵活运行，它如同"深水电梯"，观察人员潜到指定地点后就返回。

海妖与超级乌贼

大海神秘莫测，关于海怪的传说，各个地区各个时期都有。其中流传时间最长、流传范围最广的当属挪威海怪"克拉肯"。

挪威海怪"克拉肯"的历史最早可以追溯到古希腊时期。在许多人的描述中，挪威海怪就像一个浮动的岛屿。但是对于水手来说，真正的危险并不是来自于怪物本身，而是来自于当它迅速潜入海底时造成的巨大漩涡。

挪威渔夫经常冒着生命危险在海怪的上方捕鱼，因为这样渔获量会很大。如果一个渔夫的捕获数量异常多，他们往往会互相说："你一定是在海怪的上方捕的鱼。"

1752年卑尔根主教庞托毕丹在《挪威博物学》中描述了"挪威海怪"。书中说："它的背部，或者该说它身体的上部，周围看来大约有一哩（英里）半，好像小岛似的。……后来有几个发亮的尖端或角出现，伸出水面，越伸越高，有些像中型船只的桅杆那么高大。这些东西大概是怪物的臂，据说可以把最大的战舰拉到海底。"

因为"克拉肯"可怕的造型和惊人的破坏力，很多影视、小说和游戏都把它作为大反派。电影《诸神之战》中，宙斯的儿子珀尔修斯打败的海怪就是克拉肯。好几集《奥特曼》里，挨奥特曼打的怪物也是克拉肯。《加勒比海盗》中，最可怕的海怪还是克拉肯，它把杰克船长和黑珍珠号全部拖进了活死人的世界。《魔兽世界》里，克拉肯也是一个重量级的 BOSS。

世界上真有海怪吗？

多数科学家认为，巨型乌贼是海怪的原型。

1873 年，巨型乌贼在纽芬兰附近的"葡萄牙"海湾首次被发现。当时一艘小船遭到了这个大家伙的突然袭击，幸亏船主用斧头砍下了它的触须，才侥幸逃脱。事后测量，那根断触须长 5 米、直径约 0.3 米。

自此后，人们就开始追踪"乌贼王"的踪迹，但令人烦恼的是，它很少在浅海露面，当它浮出水面的时候，不是已经死亡就是奄奄一息，在开展研究前就死去了。全世界至今只有 250 多个样本可供研究，这些样本不是残缺不全就是严重损坏。它究竟住在何处，如何生活，如何觅食和繁殖，科学文献上至今仍是空白。

科学家通过解剖巨型乌贼的尸体，推测出了它长年潜伏海底的原因。巨型乌贼的眼睛直径达 25 厘米，已经适应深海的黑暗环境，因此，当它浮出海面时会因为强光而致盲，变得脆弱不堪。这就注定了它只能过"见不得光"的生活。

巨型乌贼最大的特点是长着一对极长的触须。这对触须的长度能达到其身体总长度的三分之二。

科学家曾猜测巨型乌贼是一种行动缓慢的动物。但亲眼目睹后才发现，它远比原先想象的要活跃得多，是一种积极而凶猛的捕食者。科学家说，失去一段触须不会危及巨型乌贼的生命。

大王乌贼生活在太平洋、大西洋的深海水域，体长 20 米左右，重 2～3 吨，是世界上最大的无脊椎动物。它的性情极为凶猛，以鱼类和无脊椎动物为食，并能与巨鲸搏斗。国外常有大王乌贼与抹香鲸搏斗的报道。据记载，有一次人们目睹了一只大王乌贼用它粗壮的触手和吸盘死死缠住抹香鲸,抹香鲸则拼出全身力气咬住大王乌贼的尾部。两个海中巨兽猛烈翻滚,搅得浊浪冲天,后来又双双沉入水底,不知所终。这种搏斗多半是抹香鲸获胜,但也有过大王乌贼用触手钳住鲸的鼻孔,使鲸窒息而死的情况。

最大的大王乌贼有多大?这个问题不好回答。人们曾测量一只身长17.07米的大王乌贼,其触手上的吸盘直径为9.5厘米。但从捕获的抹香鲸身上,曾发现过直径达40厘米以上的吸盘疤痕。由此推测,与这条鲸搏斗过的大王乌贼可能身长在60米以上。如果真有这么大的超级乌贼,那也就同传说中的挪威海怪相差不远了。

"黑烟囱"的秘密

1979 年,美国的"阿尔文"号载人潜艇在东太平洋洋中脊的轴部,水下 2 610～1 650 米的海底熔岩上,发现了数十个冒着黑色和白色烟雾的烟囱,约 350℃的含矿热液从直径约 15 厘米的烟囱中喷出,与周围海水混合后,很快产生沉淀变为"黑烟",沉淀物主要由硫黄铁矿、黄铁矿、闪锌矿和铜、铁硫化物组成。这些海底硫化物堆积形成直立的柱状圆丘,称为"黑烟囱"。海底"黑烟囱"的发现是全球海洋地质调查取得的最重要的科学成就,也是世界海洋研究中最重要的领域之一。

"阿尔文"号发现"黑烟囱"之后,海洋学家又先后在世界各大海洋的底部发现了 30 多处。

(一)海底热泉的分布

海底"黑烟囱"分布在地壳张裂或薄弱的地方,如大洋中脊的裂谷、海底断裂带和海底火山附近。大西洋、印度洋和太平洋都存在大洋中脊,它高出洋底约 3 000 米,是地壳下岩浆不断喷涌出来形成的。洋脊中都有大裂谷,岩浆从这里喷出来,并形成新洋壳。两块大洋地壳从这里张裂并向相反方向缓慢移动。在洋中脊里的大裂谷往往有很多热泉,热泉的水温在 300℃左右。大西洋的大洋中脊裂谷底,其热泉水温度最高可达 400℃。在海底断裂带也有热泉,有火山活动的海洋底部,也往往有热泉分布。除大洋中脊有火山活动外,在大陆边缘,受洋壳板块俯冲挤压形成山脉的同时,往往有火山喷发,在它的附近海底也会有热泉分布。

海底热泉

参观海底"黑烟囱"会是个奇妙的经历:蒸汽腾腾,烟雾缭绕,烟囱林立,好像重工业基地一样。事实上,烟囱里冒出的烟的颜色大不相同。有的烟呈黑色,有的烟是白色的,还有清淡如暮霭的轻烟。经分析发现"烟囱"喷出的物质中含有大量的硫黄铁矿、黄铁矿、闪锌矿和铜、铁硫化物等物质。

(二)海底热泉生物群

海底"黑烟囱"的构筑绝非仅仅是地质构造活动的结果。其中神奇莫测的热泉生物建筑师的艰辛劳作也功不可没。在热泉口周围拥聚生息着种类繁多的蠕虫,其中管足蠕虫可长到 45 厘米,它们独具特色的生存行为特别引人注目。要知道,就在不久以前,科学家们还普遍相信,幽深的海底是生命的禁区,那里又黑又冷压力又大,根本不可能有生命存在。然而现在发现,围绕在海底"黑烟囱"周围,不但聚集了一个完整的生态系统,这些怪异的底栖生物在营造"烟囱"中还起着至关重要的作用。

科学家们发现"黑烟囱"岩心上布满了含有硫酸钡（也叫重晶石）的凹陷管状深孔，研究人员确认这些管状孔穴系蠕虫长期生存行为的结果。鉴于热泉口旁蠕虫遍布，因此尚难断定究竟哪些蠕虫擅长打洞筑巢。

从管洞外形来看，极有可能是活跃喜迁居的管足蠕虫长期挖掘作业的产物。解剖分析表明，管足蠕虫内脏中的细菌可从热液所含亚硫酸氢盐中获取氢原子维持生命，细菌还可把海水中的氢、氧和碳有机地转化生成碳水化合物，为蠕虫提供生存所需的食物。这种化学反应的结果是遗留下硫元素，蠕虫排泄的硫又促使海水中的钡和硫酸发生催化反应。长此以往蠕虫死后便在熔岩中遗留下管状重晶石穴坑。

它们开凿的洞穴息息相通，犹如礁岩迷宫，从而使热液将矿物质源源不断地输送上来并堆集烟道。当"黑烟囱"在热泉周围落成后，熔岩上深邃的管状洞口穴就成为矿物热液外流的通道从而形成海底黑烟热泉奇观，直到通道自身被矿物结晶体堵塞才告停息。

海底蠕虫只是海底生物中的一种。不同纬度、地形和深度的海洋，具有不同的物理及化学条件，因此造就了特色不一、各式各样的海洋生物。2000年12月4日，科学家在大西洋中部发现另一种热泉，结构完全不同，他们把它命名为"失落的城市"，再度引发了科学家对海底热泉的研究热潮。

在宜兰龟山岛发现的不断往上喷出的海底热泉，是一种"黄烟囱"，这是因为海底冒出大量硫黄所造成的现象，也是近年来发现最大的近海海底热泉，水深从二三米到三十几米，有八九处之多。最令科学家吃惊的是，在深海热泉泉口附近发现各式各样前所未见的奇异生物，包括大得出奇的红蛤、海蟹、血红色的管虫、牡蛎、贻贝、螃蟹、小虾，还有一些形状类似蒲公英的水螅生物。

即使在热泉区以外像荒芜沙漠的深海海底,仍出现了蠕虫、海星及海葵这些生物。热泉生物能够生存完全是依靠化学自营细菌的初级生产者。在"黑烟囱"喷出的热液里富含硫化氢,这样的环境会吸引大量的细菌聚集,并能够使硫化氢与氧作用,产生能量及有机物质,形成化学自营现象。这类细菌会吸引一些滤食生物,或者是形成能与细菌共生的无脊椎动物共生体,以氧化硫化氢为营生来源,一个以化学自营细菌为初级生产者的生态系统便形成了。

庞贝蠕虫

依照目前研究热泉生物的了解,它们的生长速度非常快。以贝壳来说,由于它们是滤食性动物,会有鳃、消化系统及进出水口器官;可是海底热泉的贝壳不一样,它们消化系统及进出水口已经呈退化现象,海底细菌则会住在它们的鳃里面,等到繁殖多了,就会被贝体利用,于是贝壳的生长速度也变得非常有效率。

(三)世界各国对海底热泉的研究

现代海底"黑烟囱"及其硫化物矿产的发现,是全球海洋地质调查近年来取得的最重要的科学成就之一,因其和海底成矿、生命起源等重大问题有关而成为国际科学前沿。但因现代"黑烟囱"分布在海底,仅有美、德、法、加、日等少数国家有能力开展研究。科学家于是将目光投向了陆地上的"黑烟囱"化石,但迄今仅在俄罗斯、爱尔兰发现3亿至4亿年前的"黑烟囱"残片。

我国也致力于"黑烟囱"的研究。继2005年发现古老大洋地壳残片后,2007年长期在野外奔波的北京大学李江海课题小组首先在山西五台山地区发现了古海底"黑烟囱"残片。当年10月终于又在河北兴隆发现了保存完整的古老"黑烟囱",初步判断其地质年龄约有14.3亿"岁"。

滚滚浓烟

专家描述:14亿多年前,华北地区仍是一片汪洋大海,河北兴隆一带正处于大陆裂谷最深的海底上。在海水循环加热后,这些两到三厘米高的"黑烟囱"成为黄铁矿、闪锌矿、方铅矿等地壳内部矿物质喷涌而出的通道,"黑烟囱"周围聚集了蓬勃的微生物群落。

另据推测,中国甘肃和云南地区,应该有几亿年前的海底"黑烟囱"的迹象。

(四)"黑烟囱"是生命诞生之地?

近30年来,随着深海生物科研的不断深入,科学界有一种新的看法,认为生命可能起源于深海"黑烟囱";而英国杰出的生物学家、进化论的主要奠基人达尔文也曾假设过,生命可能起源于"一小滩热水"。

巧合的是,科学家最早发现海底"黑烟囱"的加拉帕戈斯群岛,达尔文环球考察时也曾停留过。岛上独特的生物对达尔文发现进化论起到了至关重要的作用。而"黑烟囱"也给了科学家们新的启示。

"黑烟囱"附近生物链的基础是细菌,细菌通过化学作用吸取地热带出来的能量,形成各级生物链的营养源。"黑烟囱"附近生物链的生存环境,与太古代生命起源时期类似。太古代时地球上没有能进行光合作用的绿色植物,那光合作用是怎么起源的呢?

研究表明,光合作用可能起源于深海。科研人员在大西洋深海热液口发现,有一种虾的背上有感光区,能够感知蓝绿光线。另外,美国科学家在5 000米深的海底曾关闭深潜器灯光5分钟,在热液口发现光线。这种光显然被最早的某一种生物利用了,这个时候光合作用效率高的优越性就起来了,把生物的演化往前推进。

达尔文在1871年在一封信里面讲到,生命最早很可能在一个热的小池子里面,也就是后人讲的"原始汤"。达尔文生活的年代对深海基本还是一无所知,这个想法经过很多年都没有证实。近30年来深海生物科研的重大突破则为这种设想提供最新的佐证。

经过多年探索,科学家们认识到氨基酸是构成有机体的最主要成分,而氮又是构成氨的基本成分,因此氮怎样转变成氨就成为生命起源过程中必要的一步。

实验发现，在高温和高压下利用金属矿物质作为催化剂，氮分子可以与氢发生还原反应生成由一个氮原子和三个氢原子组成的具有活性的氨分子。如果以金属矿物质作为催化剂，氮分子还原生成氨分子的条件为温度300℃～800℃，压力为0.1～0.4千兆帕斯卡，而这些条件正是早期地壳和海底热泉系统的典型特征。

　　研究人员指出，作为生命起源的前奏，氮分子向氨分子的转换过程很可能发生在大量溶解了矿物质的海底热泉周围。而一个富含氨分子的环境比一个氮分子占主导的环境，能更有效地满足早期生命起源对氮元素的需求。另外，在研究中还发现，在800℃以上的环境下，氮元素只有以分子形式存在才能保持稳定，从而排除了早期地球大气中大量产生氨分子的可能。因为在地球形成的早期，由于小行星的撞击，地球表面温度要超出800℃。

　　研究人员推测说，海底热泉在地球早期如果能够产生足够的氨分子，通过海洋与大气的水和气体交换，氮分子占主导的早期地球大气中氨分子会逐渐增多。由于氨属于温室气体，能够对地球表面起到保暖作用，这同时也解释了为什么在当时太阳能量不足的情况下，地球上的海洋仍能保持液态。

　　那么，地球生命是否就诞生于远古时期的海底"黑烟囱"呢？这个问题还没有最后的结论，需要进一步研究验证。

　　研究海洋，我们能收获更多的东西。

神秘的海底冷泉

海底真实奇妙，刚刚我们见识了海底热泉，为那里的美丽、富有与神秘而着迷。现在我们要去的地方，与海底热泉恰好相反，叫做海底冷泉。

(一)海底冷泉的发现

公元前1世纪，古罗罗马和古希腊地理学家就注意到叙利亚、希腊和意大利的浅水海域淡水上涌现象，但真正观察到海底冷泉特征及冷泉化学能自养物群是1983年在墨西哥湾佛罗里达陡崖3 200米深的海底。

海底冷泉的发育和分布一般与天然气水合物(可燃冰)的分解或与海床下天然气及石油沿地质薄弱带上升密切相关。近20年来，随着对可燃冰的深入调查和研究，海底冷泉及其冷泉生物群落逐渐被发现和报道，它们已成为指示现代海底发育或尚存可燃冰最有效的标志之一。

所谓冷泉，是以水、碳氢化合物(天然气和石油)、硫化氢或二氧化碳为主要成分，受压力梯度影响从沉积体中运移和排放出温度与海水相近并具有一定流速的流体。在甲烷氧化菌和硫酸盐还原菌参与下，冷泉流体中的甲烷发生缺氧甲烷氧化反应，为化学能自养生物提供了碳源和能量，维系着以化学能自养细菌为食物链基础的冷泉生物群，并繁衍成冷泉生态系统。

(二)海底冷泉也是一个大宝库

更令人吃惊的是，冷泉反应可引起很多化学元素达到过饱和，沉淀出冷泉自生矿物,以 Mg－方解石、文石、白云石、黄铁矿为主,此外为菱铁矿、重晶石、石膏、自然硫等,这些自生矿物可以单独出现或几种同时出现在冷泉沉积中。

甲烷是海底冷泉出现的先决条件。海底沉积物中包含了大量的甲烷。这些甲烷可能来源于生物成因甲烷、热成因甲烷或混合甲烷。不同成因的甲烷通过输导系统聚合在温压条件有利的构造场所,形成天然气或可燃冰。若稳定条件被破坏,天然气或可燃冰分解后释放的甲烷沿泥火山、构造面或沉积物裂隙向上运移和排放,在近海底形成甲烷冷泉。

(三)海底冷泉的分类与分布

根据冷泉喷溢的速度将冷泉分为三种:

喷发冷泉——是由于海平面快速下降、强烈的构造活动、地震等引发的大陆坡崩塌,或海底沉积物中水合物分解导致压力过高,在很短时间内大规模排放甲烷,在海底一般不形成冷泉沉积和冷泉生物群。

快速冷泉——常形成于泥火山或断层构造面,海底表面具有麻坑、海底穹顶、泥底辟等冷泉地貌特征,海底常形成多种自生矿物沉积,冷泉生物群发育并具有繁盛、死亡多次演替特征。目前世界上发现的冷泉大部分是快速喷发的冷泉,具有资源意义和生物价值。

慢速冷泉——是浅表层的生物成因气以及缓慢来源于深部的热成因气在相对透水的粗粒沉积层运移,一般不形成排放口或特征冷泉地貌,冷泉生物不发育或零星发育,管状蠕虫、蛤类、贻贝类较少,易形成菌席结构。

海底冷泉一般发现于深海扩张中心、汇聚板块边界、被动/主动大陆边缘、弧前盆地、断层、泥火山发育的海域。与热液喷泉具有挥发性和短暂性的特征不同,冷泉排溢是缓慢和持续的。

全球冷泉分布广泛,从热带海域到两极极区、从浅海陆架到深海海沟均有分布。海底最浅冷泉发育于水深 15 米的海底,最深的冷泉发育于 9 345 米深的海沟。现代(活动)冷泉分布在除南、北两极极区外的各大洋,多数分布在太平洋的活动俯冲带,主要沿美国阿拉斯加州、俄勒冈州、加利福尼亚州以及中美洲国家和秘鲁、新西兰的大陆边缘分布。

研究表明,全球的水合物和冷泉沉积主要形成于泥盆纪到第四纪之间,这就是说,最古老的冷泉可能形成于 3 亿 5 千万年前。

(四)海底冷泉生物群

长期以来深海环境被认为是生命的禁区,那里阳光无法到达,光合作用不能进行,生物缺乏必要的食物来源。然而,在海底冷泉喷口或热液喷口,存在以化学能自养细菌为初级生产者的食物链,衍生成群落结构独特的生态系统,拓展了深海极端环境下生命的潜在界线。在高等生物分类学上,冷泉环境和热液环境的生态群落相似,但冷泉系统的生物量高而生物多样性低,已被确认的冷泉生物物种已超过 210 个。冷泉和热泉生态系统的生长速率不同。热泉生物一般生长得很快,巨大热液管状蠕虫是地球上生长最快的无脊椎动物之一,而冷泉生态系统生长非常慢。

冷泉生态系统的分布形式受甲烷流体流速、水体或沉积物间隙水中还原态化学元素种类的活性所控制。在冷泉环境中存在的微生物类型主要为自由生活的甲烷氧化菌、硫酸盐还原菌和共生的甲烷氧化菌、硫酸盐还原菌。在甲烷和硫酸盐浓度高的环境中,甲烷氧化菌和硫酸盐还原菌与甲烷发生 AOM,为化学能合成生物群落繁衍提供了碳源和能量,成为冷泉生态系统的初级生产者。在初级生产者基础上,繁衍着管状蠕虫、蛤类、贻贝类、多毛类动物以及海星、海胆、海虾等一级消费者和鱼、螃蟹、扁形虫、冷水珊瑚等二级消费者,它们最终被线虫类动物分解而回归自然,形成一套完整的冷泉生态系统。

冷泉生物群落

在冷泉生态系统中,共生在生物体内的氧化菌和还原菌是化学能合成的基础。海洋生物学家根据营养源是否全部或大部分来源于内共生细菌的化学能自养,提出了专性种概念,并将墨西哥湾典型冷泉的生态群落划分为专性种、潜在专性种和非专性种等三种。

在冷泉喷口,存在多种古菌群,但参与缺氧甲烷氧化反应作用的共生菌主要是甲烷氧化菌和硫酸盐还原菌。

菌席是小型动物、中型动物、巨型动物的食物链基础,分布于硫化物与沉积物界面附近,形成数厘米至数米甚至数百米的斑块,可指示流体的位置和流体的规模,是流体强烈上涌的标志。冷泉菌席的颜色主要与硫化物氧化的活性水平相关,一般呈现为白色、黄色和橙色,橙色或微红色的菌席比无颜色(白色)的菌席显示具有更高的流量。

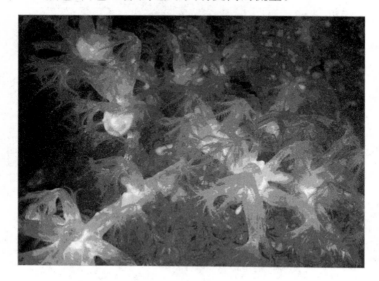

冷泉群居刺胞动物

管状蠕虫是冷泉环境中普遍存在的动物,它们没有嘴和内脏,缺少消化管道,通过其埋藏在沉积物中似根状的身体吸取硫化物。它将化学能自养细菌作为其能量来源,但它不像栖息在冷泉环境中的其他动物那样以细菌为食物,而是将化学能自养细菌安置在体内并作为内生共生体。冷泉环境中的部分种类的蠕虫也出现在热泉环境中。管状蠕虫生存在冷泉流体速率降低的环境,当冷泉流体速率降低时,管状蠕虫取代老的贻贝类成为主要物种。蠕虫个体长度变化范围很大,最大可达 2 米 12。1997年在墨西哥湾冷泉(水深 500 米)环境中发现了新类型的动物,它穴居在海底可燃冰中,被命名为冰蠕虫。它存活寿命可达 250 年,对于研究人类长寿可能有帮助。

冷泉管状蠕虫

贻贝类也有共生体并依赖共生伙伴供给它们大部分营养,但它们没有完全失去嘴和内脏。不同种类贻贝的共生体可以把甲烷或氢硫化物作为它们的能量源,某些贻贝甚至有多种共生体,因此它们能得到丰富的营养。

贻贝类可以分为3种:一种具有甲烷氧化菌共生体,最先在墨西哥湾浅水冷泉中发现,后来也发现于水深2 200米的冷泉中,是唯一被证明能生活在浅水和深水冷泉的物种;第二种含有甲烷氧化菌和硫酸盐还原菌共生体,能够利用各种类型的化学能作为能量,生活在水深1 890～3 300米的墨西哥湾冷泉;第三种也拥有两种共生体,主要发现于佛罗里达海底陡崖3 200米深的海底。

冷泉口发育的蛤类具有硫酸盐还原菌共生体。流速变化的冷泉和喷溢点集中的冷泉能提供蛤类适宜的环境。蛤床常呈高密度分布,一般由100～1 000个蛤组成大的蛤床。

蛤类也是最常见的大型冷泉动物,最大的蛤类达18.6厘米。蛤类一般生活在冷泉大量排溢的区域,经常沿地质构造排列成蛤床,呈高密度分布。

潜在专性种的营养源可以来源于自由生活的甲烷氧化菌或者是以专性种为食物,包括海星、海胆、海虾、海葵、星虫动物和多毛类动物等。海胆、海葵和海星一般呈聚合体密集出现。

潜在专性种在大部分冷泉环境中不是主要的生物量,但在局部环境中可构成主要生物量,如在俄勒冈州和加利福尼亚州近海,密集的海胆、腹足动物和海星出现在冷泉口或冷泉口附近,构成主要生物量。

非专性种以专性种或潜在专性种为食物基础,主要是鱼、螃蟹、章鱼、扁形虫和冷泉珊瑚等,它们不构成主要生物量。冷泉珊瑚虫是冷泉活动后期活跃的冷泉动物,当冷泉最终停止后,依赖于化学能的动物群落死亡了,而深海冷水珊瑚虫开始发育和繁茂,它们用息肉捕获细小的浮游动物和其他生物为食。

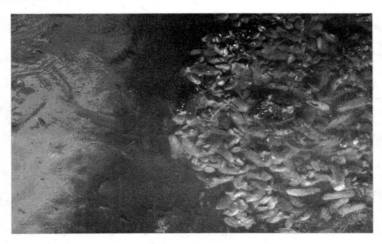

密集的冷泉蚌

在冷泉环境的沉积物中,生活着底栖生物有孔虫和轻小型底栖动物,它们的生活环境或多或少受冷泉流体影响,表现出与正常沉积环境中生活的底栖动物某些不同的特征。

有孔虫是冷泉环境中的主要底栖动物,但目前在有孔虫体内没有发现细菌共生体。冷泉环境中的有孔虫具有明显的生物地理分布特征。

(五)对海底冷泉的研究

海底甲烷冷泉与可燃冰存在密切相关,对可燃冰的调查间接促进了对冷泉和冷泉生物的研究。我国开展可燃冰的调查和研究已近 10 年,根据地质构造、地球物理、地球化学等调查,初步查明和圈定了多处可燃冰异常区和远景区。然而,可燃冰储存区并不一定发育成冷泉,且需要富含甲烷冷泉持续喷溢较长时间后,才能逐渐发育成繁茂的冷泉生态系统和沉淀出冷泉自生矿物。根据采获的冷泉生物、冷泉沉积和冷泉自生矿物、海底摄像、水体甲烷浓度及其他资料,初步确认的我国近海冷泉区(点)主要有近 10 个。

在南海海域,台湾学者在台湾西南海域拍摄和采获到活体冷泉生物,生物群落主要有细菌类、贻贝类、蛤类和多毛螃蟹、虾等,是一套完整的冷泉生态系统。在东沙群岛东北海域的九龙甲烷礁发现菌席、管状蠕虫和双壳类生物,并发现了冷泉仍在释放的证据,在西沙海槽海底拍摄到菌席和双壳类。

海底冷泉及冷泉生态系统的发现是现代海洋地质学和生物学研究领域最引人注目的成就之一。现代海底冷泉指示其海底下可能存在可燃冰,而可燃冰的开发和利用将会缓解人类对油气资源需要急速增长的压力,并满足现代社会今后数百年的能源需求。以缺氧甲烷氧化为能量基础而繁衍成的冷泉生态系统,以崭新的面貌诠释着生命的含义,同时也改变了人们的思维方式,为探索生命的起源、发现新的微生物代谢途径和生存对策等提供了前所未有的机遇。

寻找"外星海洋"

地球之所以叫地球,是因为取这名字的古人没有飞到宇宙去看一看地球。如果他去看了,肯定会为我们这颗表面71%被海洋所覆盖的星球取名为"水球"。那么,宇宙里其他星球又如何呢?也有海洋吗?

在近代,高倍天文望远镜发明以前,天文学家只能用肉眼观察月球。他们认为月球表面阴影所在的地方就月球的海洋,因此给这些阴影取了很多海洋的名字:风暴洋、宁静海、浪湾、梦沼……可惜大家都已经知道了,月球根本没有水,那些所谓的海和洋根本没有一滴水。

后来,人们有把希望寄托在火星上。早期天文观测认为,火星表面的线条会随季节的变化而伸缩,这些线条其实是火星人开凿的运河。这种说法极大地刺激了人们的想象力,火星人的存在几乎是板上钉钉的事情。可惜,事实再次让人们失望的。经过反复观测,现在科学家一般认为火星历史上可能有水,但现在没有水,至少没有大量的水。

水在太阳系真是个稀缺物品。就目前而言,科学家认为除了地球外,有水的星球只有两个候选对象。有意思的是,这两颗星球都是卫星。

候选对象一:

欧罗巴星,木星的第七颗卫星,所以也叫木卫七。它的直径3 138千米,却可能有100千米深的海洋。研究表明,欧罗巴星永远处在冰河期中,其表面有一层薄薄的冰外壳,而且极度光滑。所以其表面看上去比其他木星的卫星光滑。星球内部有可能是一个海洋,当然海洋要是液态的话,再加上合适的温度和碳物质,星球内部将有可能孕育生命。科学家在地球南极的千年冰洞中对冰块取样,在显微镜下发现冰中也有微生物。

候选对象二:

泰坦星,土星的第六个卫星,因此也叫做土卫六。土卫六是土星最大的卫星,也是太阳系第二大卫星,直径 5 150 千米,比冥王星还大。它还是目前已知拥有真正大气层的卫星。研究人员曾通过地面望远镜对土卫六进行观测,他们当时认为,种种迹象显示这一土星卫星上可能存在液态海洋。天文学家认为,土卫六上分布着众多由液体甲烷和乙烷构成的湖泊,这颗卫星的寒冷程度超过南极洲。科学家表示,虽然土卫六上更加寒冷,但是它上面的风、雨和构造过程,使它成为太阳系中与地球最相像的天体。虽然这颗卫星低达零下 180℃ 的平均表面温度会使水始终保持固体状态,但是它表面存在液体甲烷和乙烷,这些物质可为生命提供一个栖息地。

如你所知,科学家研究其他星球上的海洋并不是为了去找水,而是为了去寻找外星生命。

常言道,水是生命的源泉。水对于生命的重要性不言自明。

虽然目前对欧罗巴星和泰坦星的研究还没有定论,科学家的目光已经离开了太阳系,指向更为遥远的宇宙深处了。

在太阳系,只有两种类型的行星,一种是地球这样的岩质行星,另一种是木星那样的气态行星。经过对太阳系以外的行星系统的观测,科学家发现,还存在第三种行星,那就是海洋行星。

顾名思义,海洋行星的表面没有陆地,全部被汪洋大海所覆盖。那它的个头有多大?海洋究竟有多深呢?经过演算,科学家认为,最大的海洋行星,其质量可达地球的 10 倍,而海洋深度在 100 千米以上,是地球海洋平均深度的 10 倍。

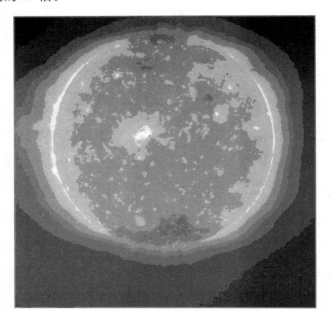

艺术家笔下的海洋行星

海洋行星还有哪些特征呢？由于压力更大，海洋行星上无法形成高山，冒出海面的高山——岛屿——即使出现，寿命也会很短暂。其海洋的循环比地球海洋相对简单，但由于没有大块的陆地进行海陆热量的交换，很可能产生永不停息的"超级飓风"。显然，那里的天气状况比地球糟得多。

假如存在海洋行星，那存在外星生命的可能就越大。

2009 年，美国科学家宣布，利用飞行在太空中的"深度撞击"和"EPOXI"天体探测仪观察地球，他们开发出了确认太阳系外类似地球的世界是否拥有海洋的方法。

这就是说，离发现外星生命的那一天更近一步了。

海洋科考大事记

1818 年,约翰·诺思男爵率领一支船队进入大西洋北部海域,打捞出大量蠕虫和一个巨大的海星。

1858 年,人类开始着手进行铺设跨大西洋海底电缆的准备工作,首先在深海区域展开海底勘测活动。

1859 年,达尔文的《物种起源》引起世人关注,进化论观点的出现与达尔文乘坐小猎犬号的环球科学考察息息相关。该书还有一个观点:深海可能是活化石的庇护所。

1864 年,挪威船队从深海中打捞起一株海百合,此前人们只在距今 1.2 亿年前的岩石中看到过它的化石。

1872~1876 年,英国"挑战者"号进行环球航行的同时,针对海洋进行了深入的考察,用渔网从深海里打捞出数百种未知的生物。

1920 年,亚历山大·本穆驾船穿越北海时首次使用了声波探测法。

1934 年,威廉·毕比和奥迪斯·巴顿共同乘坐一个系绳球体下潜到水下 2 400 米处。

1938 年,南非渔民从海底捕获了腔棘鱼,之前人们一直认定这种生活在恐龙时代的动物早就灭绝了。

1948 年,奥古斯特·皮卡德乘坐无系绳潜水器进行了第一次深海探险。

1951 年,英国"挑战者"2 号在关岛附近发现了一道深达 11 260 米的裂口。这个后来被命名为"挑战者深渊"的海底裂口是世界上最深的。

1960 年,杰奎斯·皮卡德和当·沃尔什乘坐"的里雅斯特"号潜水器下潜到马里亚纳海沟水下 10 916 米处,创造了深海下潜的世界纪录。

1964 年,美国深海潜水器"阿尔文"号投入使用。它是当时世界上唯一拥有自主动力能够在深海漫游的载人潜水器。

1977 年,"阿尔文"号在太平洋深海火山附近发现了第一次发现了海底热泉。

1982 年,科学家发现太平洋海底热泉存在多种稀有金属,是为海底热液矿藏。联合国海洋公约起草工作结束,公约条款明确指出,深海矿藏应归全人类共有。

1985 年,"阿尔果"号潜入 3 210 米以下的深海找到了"泰坦尼克"号豪华游艇的残骸。

1990 年,日本和俄罗斯的载人潜水器问世。

1994 年,联合国海洋公约开始生效。

1996 年,美国科学家开始利用麦克风收听来自深海格达山脉的狂暴信号,开始了对深海火山的深入研究。

1997 年,美国科学家利用深海机器人"奥德赛"号从新西兰潜入深海搜寻巨型章鱼的行踪。

2012 年,中国"蛟龙"号载人深海潜水器下潜到马里亚纳海沟水下 7 020 米处,创同类型潜水器的世界纪录。这表明其工作范围可覆盖全球海洋区域的 99.8%。

蔚蓝色的宝藏

　　在《海底两万里》中，"鹦鹉螺号"的主人尼摩船长追求一种摆脱陆地完全依靠海洋的生活。当阿龙纳斯教授对此质疑时，尼摩船长进行了精彩的辩驳。他说："这海，这奇妙的、取之不尽的生命泉源，不仅仅给我吃的，并且还给我穿的。现在您身上穿的衣料是由一种贝壳类的足丝织成的，染上古人喜欢的绊红色，又调配上我从地中海海兔中取出的紫色。您在舱房中梳洗台上看到的香料，是从海产植物中提炼出来的。您睡的床是海中最软和的大叶海藻做的。您使的笔是鲸鱼的触须，墨水是墨鱼或乌贼分泌的汁。现在海给我一切，正像将来一切都要归还它一样！"

　　尼摩船长说的没有错。海洋正是一个巨大的蓝色聚宝盆，里面的宝藏应有尽有。

海底粮仓

（一）未来在海底

1798年，英国人口学家和政治经济学家马尔萨斯就在《人口原理》一书指出，在人口不断增长的情况下，世界的耕地却是有限的，因此，土地最终将无法喂饱每个人，在未来，等待人类的将是灾难性饥荒。

在那之后，创新科学技术的巨大发展已经让这个可能性延缓了几百年。然而未来世界食物供应的稳定性可能大不如从前。2009年，世界粮农组织的研究估计，到2050年世界的粮食产量要增加70％才能满足世界的需要。然而，即使我们把世界上所有剩余的可耕地都开发殆尽，从每块被种植的土地中挤出两倍的粮食产力，也不可能完成这个任务。首先，水资源是个大问题。其次，密集耕作会造成地球表层土的严重退化。第三，气候变化可能会使问题进一步恶化——干旱会使得今天的可耕地变成沙漠。

面对即将到来的饥荒，我们就没有办法了吗？

不，远见卓识的科学家早就把目光投向蔚蓝色的大海。

有些读者可能会想，在海洋中不能长粮食，怎么能成为未来的粮仓呢？是的，海洋里不能种水稻和小麦，但是，海洋中的鱼和贝类却能够为人类提供滋味鲜美、营养丰富的食物。

其实很久以前人类就开始食用海产品了。大家知道，蛋白质是构成生物体的最重要的物质,它是生命的基础。现在人类消耗的蛋白质中,就有 5％～10％是由海洋提供的。科学家研究发现,海洋生物具有陆地生物所不具有的多种营养物质,长期食用,对人体有着特别的好处。

物产丰富的海底世界

——海洋生物含有较多的不饱和脂肪酸,尤其含有一定量的高度不饱和脂肪酸,为禽畜肉和植物性食物所没有。这种脂肪酸有助于防止动脉粥样硬化,因此,以鱼油为原料制成的药品和保健食品对心血管疾病有特殊疗效。

——海洋生物富含易于消化的蛋白质和氨基酸。食物蛋白的营养价值主要取决于氨基酸的组成,海洋中鱼、贝、虾、蟹等生物蛋白质含量丰富,易于被人体吸收,人们所必需的 8 种氨基酸含量充足,其中赖氨酸含量比植物性食物高出许多。

——海洋生物是无机盐和微量元素的宝库。海虾、海鱼中钙的含量是禽畜肉的几倍至几十倍;牡蛎中富含锌;海带中富含碘元素;鱼肉中的铁最易被人体吸收;用鱼骨、牡蛎壳等加工制成的"海洋钙素""生物活性钙"对防治缺钙有独特疗效。

——海洋生物中还含有特殊的生物活性物质。随着生命科学的发展,人们发现在许多生物资源中含有对人体具有重要的调控生理功能作用的有效成分,其中不少对维系生态环境和生命的最佳状态具有重要意义。科学家将这类有效成分命名为生物活性物质。如海藻中含有的牛磺酸,可有效防止膳食脂肪吸收,具有降低胆固醇、降低血压等作用。

如此看来,海洋食物不但能填饱我们的肚子,还非常有益于我们的身体健康啊。

(二)海洋食品的分类

1.休闲食品

简单地说,休闲类食品就是很多人钟爱的零食。出于各种原因,老师和家长都反对孩子吃零食。事实上呢,正规厂家严格按照国家要求生产的零食只要不过量食用,对人体不但没有害处,还有许多好处哩。比如,这里提到的海洋休闲食品,就是来自海洋的零食。

在浙江宁波,有一种传统的休闲食品,叫海鲜珍。

传说,乾隆下江南期间,来到宁波城,吃过当地厨师制作的一道菜后,连声赞道:"朕品尝山珍海味无数,都不及这道菜用心良苦,十足珍贵,当称之为'海鲜珍'。"

据民间流传,那位厨师来自于宁波象山县石浦镇,家族世代以捕鱼为业,所以在海鲜制作上吸取了鱼慈面的优点,经历了数代人的革新,凝聚了数代人的心血,才有了令乾隆大悦的海鲜珍。也是自那以后,石浦镇的部分渔民开始在鱼慈面的基础上,学习海鲜珍的做法,并不断地创新,最终诞生了今天受国家法律保护的海鲜珍相关的专利产品。

海鲜珍主要以野生海鲜为主要原料,经过清洗、去除内脏、打泥、调味、搅匀、成型、熟化等工艺流程而制作而成。在现代,海洋食品企业继承了传统海鲜文化,同时又在现代工艺技术的基础上,对传统海洋食品做了革新,让海鲜珍走向休闲化,从而让更多的消费者品尝到了海鲜珍。

海鲜珍只是众多海洋休闲食品中的一种。此外,海藻、海苔、鲍鱼、海参、海螺、海贝、海胆等也都被做成了休闲食品。你看,商家为了吸引大家的注意力,还给这些食品取了寓意深远的名字哩:鲍尊天下、参益天年、福贝迎祥、螺响神州、胆祝康健、美味海参、鲜味全贝、鲜味贝柱等。光是听到这些名字就让人大流口水啊。

2. 调味品

所谓调味品,就是指增加菜肴的色、香、味,促进食欲,有益于人体健康的辅助食品。它能增进菜品质量,满足吃饭者的感官需要,从而刺激食欲,增进人体健康。盐就是其中重要的一种。盐作为调味品,不仅是人生理的需要,也是烹调过程中调味的需要。盐的性味功能决定了它无论于人体还是于调味都起着酸、苦、甘、辛任何其他味不可替代的作用,人称"百味之将"。俗话说"不可一日无盐",强调的正是盐的重要性。那你知道盐是从哪里来的吗?

目前,制盐的方式主要有四种:一种叫井盐,一种叫湖盐,一种叫岩盐,最后一种就是海盐。

众所周知,海水的味道又苦又咸,这是因为海水里含有大量的盐类物质。在这些盐类物质中,氯化钠占了 70%,而氯化钠就是食盐的主要成分。

"盐"字本意是"在器皿中煮卤"。《说文解字》中记述:天生者称卤,煮成者叫盐。传说黄帝时有个叫夙沙的诸侯,以海水煮卤,煎成盐,颜色有青、黄、白、黑、紫五样。20 世纪 50 年代福建有文物出土,其中有煎盐器具。根据以上资料和实物佐证,在中国,海盐起源发生的时间远在五千年前的炎黄时代,发明人夙沙氏是海水制盐用火煎煮之鼻祖,后世尊崇其为"盐宗"。清朝同治年间,盐运使乔松年在泰州修建"盐宗庙",庙中供奉在主位的即是夙沙氏。

夙沙氏发明的制盐方法叫"煎煮法",用盘为煎,用锅为煮,史称"煮海为盐"。但用煎煮法制取海盐不但产量低,而且质量差,杂质多。经过长期的实践改进,盐民将直接用海水煎煮,改为淋卤煎煮。这便是直到现代都还在广泛使用的"盐田法"制盐。

是谁最先发明"盐田法"呢?据明代学者宋应星撰著的《天工开物·作咸第五》记载:"海丰有引海水直接入池晒成者,凝结之时,扫食不加人力。与解盐同。但成盐时日,与不借南风则大异。"

这段记载中的"海丰"就是指现在山东省的"无棣县"。其中的"解盐"系指山西解州之解池所产之盐,解盐质量居当时国内之首,属"贡盐"之列。无棣滩晒的海盐质量与解州贡盐相同,无棣制盐水平可见一斑。

"盐田法",顾名思义,首先要在气候温和,光照充足的地区选择大片平坦的海边滩涂,构建大片盐田。

盐田一般分成两部分:蒸发池和结晶池。先将海水引入蒸发池,经日晒蒸发水分到一定程度时,再倒入结晶池,继续日晒,海水就会成为食盐

现代盐田

的饱和溶液,再晒就会逐渐析出食盐来。这时得到的晶体就是我们常见

的粗盐。剩余的液体称为母液,可从中提取多重化工原料。

目前,中国一年的盐产量超过 4 000 万吨,居世界第一,其中 700 万吨是食用盐,剩下的绝大部分用作化工原料。在消费的食盐里面,海盐占的比例在逐年下降,大家平时吃的大部分都是井矿盐,主要原因:一是海盐中含杂质较多,要提纯成本较高,不经济;二是海盐场占地太大,现在海边的滩涂都很值钱,都在逐步转向海鲜养殖和土地开发,制盐利润率太低了。但并不是说,海盐会完全退出历史舞台,作为重要的调味品以及工业原料,它有自身存在的价值。

来自海洋的调味品可不只有食盐。鱼露、虾米、虾皮、虾籽、虾酱、虾油、蚝油、蟹制品、淡菜、紫菜等都来自海洋。它们都是由海洋中的动植物干制或加工而成。这里简单介绍一下蚝油。

很多人误以为蚝油是油脂的一种,其实蚝油跟酱油一样都不是油脂,而是一种调味料。广东人称牡蛎为蚝,先把蚝豉(牡蛎干)熬制成理想黏度的汤,再把汤过滤浓缩后即为蚝油。它是一种营养丰富、味道鲜美的调味佐料。蚝油一般加有味精,另有用冬菇制造的素食蚝油。

蚝油用途广泛,适合烹制多种食材,如肉类、蔬菜、豆制品、菌类等,还可调拌各种面食、涮海鲜、佐餐食用等。因为蚝油是鲜味调料,所以使用范围十分广泛,凡是呈咸鲜味的菜肴均可用蚝油调味。蚝油也适合多种烹调方法,既可以直接作为调料蘸点,也可用于加热焖、扒、烧、炒、熘等,还可用于凉拌及点心肉类馅料调馅。

蚝油作为调味品的用处可大啦:

(1)蚝油含有丰富的微量元素,其中锌元素的含量最高,是缺锌人士的首选膳食调料;

(2)蚝油中氨基酸种类达 22 种之多,各种氨基酸的含量协调平衡,其

中,谷氨酸含量是总量的一半,它与核酸共同构成蚝油呈味主体,两者含量越高,蚝油味道越鲜美;

(3)蚝油富含牛磺酸,牛磺酸具有防癌抗癌、增强人体免疫力等多种保健功能。

事实上,其他海洋调味品和蚝油一样,含有丰富的氨基酸、多肽、糖、有机酸、核苷酸等呈味成分和牛磺酸等保健成分,越来越受到人们的青睐。

3.植食类

海洋植物与我们日常见到的陆地植物有很大的不同,但是其重要性丝毫不亚于森林,在某些方面甚至超过森林。海洋植物是海洋世界的"肥沃草原",不仅是海洋鱼、虾、蟹、贝、海兽等动物的天然"牧场",而且是人类的绿色食品,也是用途宽广的工业原料、农业肥料的提供者,还是制造海洋药物的重要海洋植物原料。

海藻是海洋植物中的第一大家族。从显微镜下才能看得见的单细胞硅藻、甲藻,到高达几百米的巨藻,有 8 000 多种。海藻没有真正的根、茎、叶的区别,整个植物就是一个简单的叶状体。藻体的各个部分都有制造有机物的功能,因此藻类也叫做叶状体植物。

科学家们根据海藻的生活习性,把海藻分为浮游藻和底栖藻两大类型。海藻是人类的一大自然财富,目前可用作食品的海洋藻类有 100 多种。海带、紫菜、裙带菜、石花菜、掌藻、石莼及海大麦等就是其中著名的几种。

海带藻体褐色,一般长 2～4 米,最长达 7 米。可分固着器、柄部和叶片三部分。固着器叉形分枝,用以附着海底岩石。柄部短粗,圆柱形。叶片狭长,带形。海带是一种营养价值很高的蔬菜,每百克干海带中含粗蛋白8.2克,脂肪0.1克,糖57克,粗纤维9.8克,无机盐12.9克,钙2.25克,铁0.15克,以及胡萝卜素0.57毫克,硫胺素(维生素 B_1)0.69毫克,核黄素(维生素 B_2)0.36毫克,尼克酸16毫克,能发出262千卡热量。与菠菜、油菜相比,除维生素C外,其粗蛋白、糖、钙、铁的含量海带均高出几倍到几十倍。

摇曳在海底的海带

最为特别的是,海带含碘量很高,一般含碘 3‰~5‰,多可达 7‰~10‰。从海带中提制的碘和褐藻酸,广泛应用于医药、食品和化工。碘是人体必须的元素之一,缺碘会患甲状腺肿大,多食海带能防治此病,还能预防动脉硬化,降低胆固醇与脂的积聚。此外,海带中褐藻酸钠盐有预防白血病和骨痛病的作用;对动脉出血也有止血作用,口服可减少放射性元素锶-90在肠道内的吸收。近年来还发现海带的一种提取物具有抗癌作用。海带甘露醇对治疗急性肾功能衰退、脑水肿、乙性脑炎、急性青光眼都有效。

不过,需要提醒大家的是,海带虽好,但食用过多会诱发碘甲亢,也不宜多吃哟。脾胃虚寒者尤其不宜大量食用海带。

人类食用海藻和以海藻入药的历史非常久远。历史上,英国海员有用红藻预防和治疗坏血病的记录;爱尔兰人民历史上也有过依赖红藻和绿藻度过饥荒年的记载。但西方国家食用海藻的习惯不如东方国家普遍。一位西方国家的海洋学家曾发出感叹:中国、日本人食用海藻就像美国人、英国人吃番茄一样普遍。他希望有一天,西方人也像东方人那样养成食用海藻的习惯。

从营养学的角度看,海藻的营养价值高于陆地的谷类和蔬菜。海藻含有陆生蔬菜中没有或缺乏的无机盐、植物化合物,如碘、卤化物、阳碱、酚类化合物、花烯类化合物、多烯有机酸等。海藻是一种天然保健的蔬菜。

此外,海藻还有一些意想不到的作用。

定期食用一些海藻,不但对补充人体的一些微量元素有好处,还会将人体中的各种废物特别是肠胃壁中的寄生虫卵等一齐排出体外,起到人体清洁的作用。这是因为,食用海藻所含碳水化合物以多糖形式存在,含量丰富,主要有褐藻胶、岩藻多糖等。这些多糖在营养学上都属于食物纤维。食物纤维虽然不能为人体消化吸收,但它们有很强的吸附能力,吸水后体积膨大,刺激肠壁,促进肠道蠕动,缩短粪便在肠道的滞留时间,同时吸附肠道内的有毒物质,一同排出体外。因此,食用海藻对于便秘、痔疮、肠癌等胃肠道疾病有良好的防治作用。

当然,从海藻的口感及作为菜式的新鲜感、美感等角度讲,它也是餐桌上不可多得的。炎炎夏天用它来作凉拌菜或加点绿豆来煮甜汤,比喝饮料要好得多,起到了比较良好的降解作用;寒冷的冬天里,大家在吃火锅时,加食一些海菜可以化解辛辣物质对人体的刺激,从而达到美容的作用;对于烟酒过量的人来说,食些海藻也能及时起到了清肺及排除酒精的作用。这些都是很多陆地植物所不能比拟的。

4. 动物类

在海洋中生活着种类繁多的动物,从海上至海底,从岸边或潮间带至最深的海沟底,都有海洋动物。许多动物非常独特,形态结构和生理特点有很大差异,小的有单细胞原生动物,大的有长可超过 30 米、重可超过

190吨的"巨无霸"。海洋鱼类是海洋动物的第一家族,从两极到赤道海域,从海岸到大洋,从表层到万米左右的深渊都有分布。

海洋鱼类是人们喜爱的食品,它们不但富含蛋白质、脂肪、糖类、矿物质和维生素等人类必需的营养物质,而且味道鲜美,其蛋白质和脂肪都比其他动物性肉类易于被人体消化吸收。据1980年的资料,世界海洋鱼类的年捕获量为5 569万吨,占海洋年总渔获量的86%以上,超过海洋中任何一类动物的产量。

沙丁鱼是世界重要的海洋经济鱼类。事实上,沙丁鱼是硬骨鱼纲鲱形目鲱科沙丁鱼属、小沙丁鱼属和拟沙丁鱼属的统称。通常沙丁鱼是细长的银色小鱼,背鳍短且仅有一条,无侧线,头部无鳞;体长15~30厘米。沙丁鱼通常栖息于海水中上层,沿岸洄游,以大量的浮游生物为食。沙丁鱼主要用作食用,但鱼肉亦可制为动物饲料。沙丁鱼油的用途包括制造油漆、颜料和油毡,在欧洲还用来制造奶油。

沙丁鱼富有惊人的营养价值。一罐沙丁鱼犹如一个营养丰富的发电站,富含磷脂、蛋白质和钙。根据美国心血管协会的网站内容显示,沙丁鱼磷脂可以减少甘油三酸酯(造成血栓的有害脂肪酸)的产生,并有逐渐降低血压和

沙丁鱼

减缓动脉粥样硬化速度的神奇作用。孕妇在妊娠期应该多吃沙丁鱼,因为沙丁鱼含有的磷脂对于胎儿的大脑发育具有促进作用。

除了磷脂,沙丁鱼还含有大量钙质,尤其是鱼骨中。沙丁鱼丰富的钙

含量适合于不同年龄层的人。要知道,如果我们每日的钙质摄取量不足的话,会导致骨头脆弱,最终引起骨质疏松。

20世纪80年代,世界沙丁鱼产量高达1 000万吨。

沙丁鱼之外,常见的海洋食用鱼类还有比目鱼、大马哈鱼、海鳗、金枪鱼、带鱼、鳕鱼、小黄鱼、鲱鱼等。

海洋鱼类也是重要的工业原料。鱼肉可制作罐头食品,鱼肝可提取鱼肝油,鱼鳞、鱼骨可以制胶,鱼油可制作肥皂、润滑油,有些鲨鱼的皮可制成皮革,杂鱼可制成鱼粉,鱼的内脏和某些有毒鱼类的毒素可提取制成各种药物。

磷虾也是食用量很大的海洋动物。

磷虾其实不是虾,而是一种小型海洋甲壳类动物,只不过它的外形很像普通的河虾。磷虾是甲壳纲磷虾目动物的统称,全世界约有80种。长1~2厘米,最大种类约长5厘米,外表呈金黄色,鳃外露,体内有微红色的球状发光器,

磷虾

一到夜里,就会发出像萤火虫一样蓝绿色的磷光,所以人们给它取了"磷虾"这个好听的名字。磷虾分布广,数量大,是许多经济鱼类和须鲸的重要饵料,也是渔业的捕捞对象。我国黄海和东海沿岸常见的为太平洋磷虾,而最为著名的磷虾是南极磷虾。

南极磷虾主要生活在距南极大陆不远的南大洋中,尤其在威德尔海的磷虾更为密集。南极磷虾以数量庞大闻名于世,有时磷虾集体洄游竟

形成长、宽达数百米的队伍,每立方米水中有 3 万多只磷虾,从而使得海水也为之变色:在白天海面呈现一片浅褐色;夜里则出现一片荧光。

据估计,在南极大陆 500～2 000 千米的广阔大洋中,蕴藏着 4 亿～6 亿吨磷虾。这种小生灵的繁殖能力极强,数量相当可观,加之没有任何自卫能力,因而成了海豹、企鹅、须鲸等海洋动物与鸟类的饵料。

科学家们计算,如果每年捕捞 3 000 万吨磷虾,不会影响南大洋的生态平衡。要知道,磷虾的营养价值很高,体内含有 50％的蛋白质,是其他动物蛋白质含量的 2～3 倍,是含蛋白质最高的生物。磷虾不仅营养丰富,而且美味可口,被誉为"冷甘露"。但是,磷虾体内含有大量活性酶,打捞上来的磷虾不到两小时肉质就会变软,甲壳发黑,因此,一般都要就地加工成稳定状的食品再运到大陆。受此限制,目前南极磷虾的年产量只有 50 多万吨。

现在,有 20 多个国家正在加紧研究磷虾食品,南极磷虾资源具有巨大的商业开发价值,被誉为"世界未来的食品库"。

除了鱼类和甲壳类,还有很多海洋动物上了人们的餐桌。因纽特人猎杀海豹,日本人捕食鲸鱼,意大利人喜欢吃龙虾,中国人对于鱼翅——鲨鱼的鳍——情有独钟。此外,各种海贝和海螺,各种水母和海参、海胆、海兔、海蜇等,几乎所有的海洋动物都进了人类的食谱。

(三)世界著名渔场

大海那么大,是不是在哪里都能捕到鱼呢? 不是的。有的海洋,比如南太平洋,就是生命的沙漠,生活着的动物种类和数量都极少;与之相对的是,海洋的某些地方,因为种种原因,生活着的动物种类和数量就极多,这便是渔场。

渔场是指的鱼类或其他水生经济动物密集经过或滞游的具有捕捞价

值的水域,随产卵繁殖、索饵育肥或越冬适温等对环境条件要求的变化,在一定季节聚集成群游经或滞留于一定水域范围而形成在渔业生产上具有捕捞价值的相对集中的场所。不同种类的捕捞对象因对环境条件的要求不同而形成不同的渔场,如鲱渔场、鳕渔场、大黄鱼渔场、带鱼渔场等。

渔场大多分布在营养盐类多的海域,这里浮游生物丰富,鱼类的饵料来源充足,故集中了大量的鱼类资源。一般在水深 200 米以内的浅海范围内,特别是大江大河的入海口大都可成为优良的索饵渔场。适宜的水温和盐度,有利于形成产卵渔场。外海高盐水与沿岸低盐水交汇处的混合海水区,冷、暖流交汇的海域尤其容易形成渔场。深海中,如拥有自下而上的上升水流区域或对流旺盛的水域也可成为良好的渔场。在水温跃层明显处、水流静稳或水文稳定处、两种不同水流交汇处、水下浅滩、水底有植物丛生成或动物聚集的水域及生物障碍线边缘区域,都能形成渔场。

从洋流对渔场影响的角度讲,世界上有四大著名渔场:

1.北海道渔场

地处亚洲东部的日本北海道,位于日本暖流与千岛寒流交汇处。由于海水密度的差异,密度大的冷水下沉,密度小的暖水上升,使海水发生垂直搅动,把海底沉积的有机质带到海面,为鱼类提供丰富的饵料,从而使海区成为世界著名的渔场。

日本北海道渔场主要产鱼类型:鲑鱼、狭鳕、太平洋鲱鱼、远东拟沙丁鱼、秋刀鱼。

鲑鱼——是一种流行的食品,也是一种甚为健康的食品。鲑鱼肉含有高蛋白质及 OMEGA-3 脂肪酸,但脂肪含量较低。鲑鱼肉呈橙色,是红肉的鱼类,但有少量白肉的野生品种。在大西洋出产的鲑鱼大部分(99%)是人工饲养的,而在太平洋出产的鲑鱼大部分(超过 80%)是野生的。

鲑鱼的食法有多种，日本人会把鲑鱼肉切成刺身或制成寿司，还会把鲑鱼头制成盐烧鲑鱼等菜式；欧洲及美国人则会以热或冷烟熏方式制作烟熏鲑鱼，或把鲑鱼制成罐头以便储存。

秋刀鱼——属中上层鱼类，栖息在亚洲和美洲沿岸的太平洋亚热带和温带的水域中，主要分布于太平洋北部温带水域，是冷水性洄游鱼类。日本太平洋一侧的秋刀鱼从 8 月到 12 月在北海道至东北地区南下徊游到达日本南方水域，从 2 月至 7 月进行北上徊游，到达北海道至千岛外海。秋刀鱼体内含丰富的蛋白质和脂肪等，味道鲜美，所以蒸、煮、煎、烤都可以，而且价格非常便宜。从上海水产大学对秋刀鱼营养成分分析来看，秋刀鱼蛋白质含量为 20.7%。

此外，北海道渔场还盛产螃蟹。毛蟹、多罗波蟹、堪察加拟石蟹被称为北海道三大名蟹，可以水煮，也可做成火锅。帝王蟹是众多蟹中最好的，脚很长，吃的时候用水稍稍煮一下就行。当地的饭店餐桌上一般都准备着剪蟹的剪子和金属的剔子，吃起来一点儿也不费力。

端上餐桌的秋刀鱼

2.北海渔场

北海渔场处于北大西洋暖流与来自北极的寒流交汇处。寒、暖海流交汇，产生涌升流。涌升流区海水不断从下层涌到表层，海水下层的腐解的有机质等营养物质也随之被带到表层。因此，这一海区水质肥沃，形成北海高产渔区。

北海海底蕴藏着丰富的石油和天然气。1959年以来,受荷兰陆上发现巨大的格罗宁根天然气田的影响,掀起了北海油气资源的勘探热潮。1965年9月英国首先发现有经济价值的近海气田,1967年正式投产。此后,挪威、丹麦、联邦德国等相继开发油气田。在北海油田的开发中,挪威和英国获益显著。挪威从1971年开采北海石油起,到1975年已自给有余,成为西欧第一个石油输出国,1984年原油产量为3 440万吨。英国从1975年开始开采北海石油,1984年原油产量达13 000万吨,成为石油生产国和出口国。

但北海最为著名的,还是它是世界四大渔场之一。年平均捕获量300万吨左右,约占世界捕获量的5%,鲱鱼和鲐鱼几占总捕捞量的一半,其他有鳕鱼、鳖鱼和比目鱼等,还盛产龙虾、牡蛎和贝类。

鲱鱼——是重要的经济鱼类。其鱼群之密,个体之多,无与伦比,可以说鲱鱼是世界上产量最大的一种鱼。鲱鱼为什么能得以如此大量的繁殖呢?原因是鲱鱼善于调剂光照,使鱼体能顺利地进入各种深浅不同的水层中捕获食物的缘故。

鲱鱼的密集游动是一个十分壮丽的场面。鲱鱼在集群洄游开始前的2～3天,有少数颜色鲜明的大型个体作先头部队开路,接踵而来的便是密集的鱼群出现在岸边。渔人根据岸边水的颜色、海水的动向和窜动的鱼群所溅起的特殊水花以及天空中大群海鸟的盘旋和鸣叫声,就能准确地判断出大鱼群来临。此时就要马上安置网具进行捕捞了。

密集的鲱鱼群,在海岸附近水深8米左右的地方游弋1～2天后,便进入海藻丛生的浅水处进行生殖。雌鱼产卵、雄鱼排精。鲱鱼的卵子是黏性卵,受精卵黏在海藻上,新生命也就随之开始了。因为鲱鱼的产卵场所水深只有1米左右,由于鱼群过于密集,所以上层的鱼头部和脊背都会露出水面。雄鱼排出的大量精液,致使海水都因此而变成白色胶状的样子。

鲱鱼头小,体呈流线型;色鲜艳,体侧银色闪光、背部深蓝金属色;成体长 20~38 厘米,是世界上数量多的鱼类之一。以桡足类、翼足类和其他浮游甲壳动物以及鱼类的幼体为食。成大群游动,自身又为体型更大的掠食动物,如鳕鱼、鲑鱼和金枪鱼等所捕食。鲱鱼可用流网、围网类(主要是旋曳网或拖网)捕捞。在欧洲,捕到的大部分鲱鱼或腌渍在桶内制成咸鱼,或用烟熏制成熏鱼,以供出售。在加拿大东部和美国东北部,供食用的鲱鱼大部分是幼鱼,是在沿岸水域以鱼籪或围网捕捞并制成鱼罐头。在太平洋捕到的大量鲱鱼用以制造鱼油和鱼粉,小部分用以腌渍或烟熏。

龙虾——并非北海的特产,全世界共有龙虾 400 多种。北海盛产的叫挪威龙虾。它多穴居于 10~250 米深的海底。长约 24 厘米,重约 200 克,在龙虾家族中完全是个小个子。身型幼细,螯细长,几乎与身体一样长,呈橙色或粉红色,易于鉴别。

当地渔民多用拖网捕捞挪威龙虾,一小部分用设饵虾笼捕捞。多以鲜售、烹调后出售,有时以冻虾形式出售,有时整只出售或仅售其尾部,去壳或不去壳,就看顾客的需要了。它们的尾部有强力的肌肉,肉质丰富,因此成为受欢

龙虾

迎的海鲜美食。由于挪威龙虾的价格比一般的欧洲龙虾低,所以在西班牙及葡萄牙等地,每逢重大节日或者有庆祝活动,都会烹煮挪威海螯虾。

由于海区四周城市集中、工厂林立,大量地向北海倾倒和排放废渣和

污水,尤其近 20 年来随着北海海底石油和天然气的开采和油轮、油管经常漏油,北海受到严重污染,亟待采取有效保护措施。

3.秘鲁渔场

秘鲁沿岸海域是世界著名渔场,水产资源十分丰富,盛产鱼类和贝类。秘鲁渔业资源之所以如此丰富,是与沿海得天独厚的自然条件分不开的。秘鲁沿岸有强大的秘鲁寒流经过,在常年盛行南风和东南风的吹拂下,发生表层海水偏离海岸、下层冷水上泛的现象。这不仅使水温显著下降,同时更重要的是带上大量的硝酸盐、磷酸盐等营养物质;加之沿海多云雾笼罩,日照不强烈,利于沿海的浮游生物的大量繁殖,对于冷水性鱼类的繁殖和生长提供了极有利的条件。因而秘鲁沿海一带吸引 800 多种经济鱼类前来觅食和繁殖,便成为宽约 370 千米的世界级大渔场。

凤尾鱼——该鱼体形修长,后部侧扁,有着非常漂亮的尾巴,该鱼雌雄鱼的体型和色彩差别较大。雄鱼身体瘦小,体长 4～5 厘米。背鳍较长,卜靖尖状,尾鳍宽而长约占全长的二分之一以上,尾柄长,大于尾柄高。根据其尾鳍的形状,可分为上旬尾、下剑尾、双剑尾、琴尾、针尾、圆尾、旗尾、扇尾、三角尾、剪尾、尖尾、大尾等品种。其身体及背鳍、尾鳍的颜色五彩缤纷,主要有红色、蓝色、黑色、黄色、绿色、虎皮色及杂色等。有些雄鱼撒尾旬上有蓝黑色小圆斑,像孔雀的尾翎,故名。雌鱼身体较粗壮:体长可达 7 厘米,体色暗淡,呈肉色,稍透明,背鳍和尾鳍的颜色较雄鱼逊色得多。

鳀鱼——鳀科部分鱼类的统称,又名鲲抽条、海蜓、离水烂、老眼屎、鲅鱼食。鳀鱼钝圆,下颌短于上颌。体被薄圆鳞,极易脱落。无侧线。腹部圆,无棱鳞。尾鳍叉形。温水性中上层鱼类,趋光性较强,幼鱼更为明显。小型鱼,产卵鱼群体长为 75～140 厘米,体重 5～20 克。"海蜓"即为幼鳀加工的咸干品。鳀鱼体扁平,身长 10 厘米左右,呈蓝绿色,形似沙丁鱼,也称秘鲁沙丁鱼。鳀鱼虽然不能食用,但是其骨骼是鱼粉工业的主要原料(平均每 5.3 吨鳀鱼可制 1 吨鱼粉)。秘鲁所获鳀鱼的 90% 以上用来制作鱼粉和鱼油。渔产品 90% 以上供出口,鱼粉出口量居世界首位,销往 50 多个国家。

秘鲁渔场是由秘鲁沿岸的上升补偿流形成,而补偿流的形成和东南信风密切相关。同时,秘鲁寒流冷海水上泛,带来丰富的营养盐类和浮游生物,从而形成冷水性渔场。所以,当厄尔尼诺现象发生时,秘鲁渔场的鱼就会大量死亡。

4.纽芬兰渔场

关于第四个渔场"纽芬兰渔场"的故事,请大家查阅本书第五章。

(四)海洋食品的过去、现状与未来

古语有云:"靠山吃山,靠水吃水。"那么靠海呢? 自然是吃海了。

很有可能,在人类刚从树上下来那会儿,就尝试着从海里寻找食物。当时,填饱肚子是生存的第一要务。演化的脚步匆匆,人类越来越聪明,技术越来越发达,向海洋索取食物的本领也越来越大。海盐、海菜、海鱼、海兽……在古代,受制于技术,人类向海洋索取的本领十分有限,海洋食品所占比例并不高。直到进入近代和现代,随着技术的进步,能向海洋索取的,人类予取予夺。

21 世纪,全球的海洋食品时代正在来临,这个趋势是多重因素共同作用的结果。人口暴涨,技术进步,消费多元化,以及对安全和营养食品的不懈追求,让人们对海洋食品投来了更多关注的目光。海洋食品也随之从幕后走上前台,以蓬勃、健康的发展态势,成为食品行业的重要组成部分。

在很长一段时间里,海洋食品的发展较为散乱和初级,现在开始从隐形变为显形,从初级加工走向精细加工,并逐渐形成一个大的品类,这个变化反映了社会对海洋食品的认可。消费人群急剧膨胀,海洋食品被认为是现在市场表现最突出的产品之一。

然而发展至今,海洋食品依然面临品类分散、发展半径趋小和市场集中度低等现状,面临大的变革。更令人焦虑的是,20世纪70年代以来,海洋捕鱼量一直徘徊不前,有不少品种已经呈现枯竭现象。用一句民间的话来说,现在人类把黄鱼的孙子都吃得差不多了。要使海洋成为名副其实的粮仓,只有一个办法,那就是大力发展海产养殖。海上捕捞就如在陆地上在采摘野果,收获总是有限的,而一旦把采摘野果转变为农业,进行精心养护和管理,产量比单纯的采摘高出许多倍,因此,解决困境的最好办法就是开展大规模的人工海产养殖。在这方面,世界各地都进行了有益的尝试,其中,海带的规模化养殖就是成功的范例。

以前渔民坐船去收割野生海带,能收割到的只有浅海的,深海去不了,而且所收割的海带质量参差不齐。经过数十年的探索,中国人探索出了海带养殖的最佳方法。其实,方法非常简单,把海带苗夹入麻绳的缝里,然后把许多这种带有几条海带苗的麻绳系在海带养殖场的浮筏上,便形成了养殖着千万株海带的海带田。当然,像种庄稼一样,从"插秧"(系海带苗绳)到收获也需要进行繁忙的"田间管理",包括施肥、倒苗(倒换海带苗的水深)、除去苗上附着物等。经过海带养殖工人的辛勤劳动,从育苗出来时仅 1～2 厘米长的幼苗,当年秋天便长成近 10 米长的大海带。更为可喜的是,人工控制水温育出的海带苗,从中国北方沿海,一直种植到南方福建省的沿海,终于使中国成为世界海带养殖最多的国家。

海带可以人工养殖,那海鱼可不可以呢?答案是肯定的。美国的一家海洋饲养场的实验表明,通过渔场养殖,大幅度地提高海鱼产量是完全可能的。

海洋的总面积比陆地要大一倍多,但成规模的渔场,大抵都在近海。这是因为,藻类生长需要阳光和硅、磷等化合物,这些条件只有接近陆地的近海才具备。海洋调查表明,在 1 000 米以下的深海水中,硅、磷等含量十分丰富,只是它们浮不到温暖的表面层。因此,只有少数范围不大的海域,由于自然力的作用,深海水自动上升到表面层,从而使这些海域海藻丛生,鱼群密集,成为不可多得的渔场。

海洋学家们从这些海域受到了启发,他们利用回升流的原理,在那些光照强烈的海区,用人工方法把深海水抽到表面层,而后在那儿培植海藻,再用海藻饲养贝类,并把加工后的贝类饲养龙虾。令人惊喜的是这一系列试验都取得了成功。

有关专家乐观地指出,海洋粮仓的潜力是很大的。目前,产量最高的陆地农作物每公顷的年产量折合成蛋白质计算,只有 0.71 吨。而科学试验同样面积的海水饲养产量最高可达 27.8 吨,具有商业竞争能力的产量也有 16.7 吨。

当然,从科学实验到实际生产将会面临许许多多困难。其中最主要的是从 1 000 米以下的深海中抽水需要相当数量的电力。这么庞大的电力从何而来? 显然,在当今条件下,这些能源需要量还无法满足。

不过,科学家们还是找到了窍门:他们准备利用热带和亚热带海域表面层和深海的水温差来发电。这就是所谓的海水温差发电。这就是说,设计的海洋饲养场将和海水温差发电站联合在一起。

据有关科学家计算,由于热带和亚热带海域光照强烈,在这一海区,可供发电的温水多达 6 250 万亿立方米。如果人们每次用 1% 的温水发电,再抽同样数量的深海水用于冷却,将这一电力用于饲养,每年可得各类海鲜7.5亿吨。它相当于20世纪70年代中期人类消耗的鱼、肉总量的4倍。

通过这些简单的计算,不难看出,只需要解决这些技术难题,海洋成为人类未来的粮仓,是完全可行的。

无边的药房

（一）传统海洋药物

世界上许多民族很早便知道应用海洋生物制成药品治病。例如，罗马人用鲼鱼的倒刺治疗牙疼；日本人用河鲀毒素作祛痛剂；而中国人使用海洋药物的历史更悠久。公元前3世纪写成的医书《黄帝内经》中，就有用乌贼骨和鲍鱼汁治病的药方。明代李时珍编撰的《本草纲目》中，记载海洋药物90余种。乌贼骨止血、黄鱼胶治皲裂、海星治胃病、鲍鱼壳治高血压等偏方，一直在我国民间广为流传。

在名目众多的传统海洋药物中，有些种类今天仍广泛应用，各版药典均有收载，《中华人民共和国药典》收载了海藻、瓦楞子、石决明、牡蛎、昆布、海马、海龙、海螵蛸等10余个品种。其他主要还有玳瑁、海狗肾、海浮石、鱼脑石、紫贝齿及蛤壳等。

1. 海马

海马不是马，是鱼，是鱼纲海龙目海马属动物的总称。海马的模样非常古怪，集合了马、虾、象三种动物的特征于一身。它有马形的头，蜻蜓的眼睛，跟虾一样的身子，还有一个像象鼻一般的尾巴，皇冠式的角棱，头与身体成直角的弯度，以及披甲胄的身体。

海马的游泳方式和繁殖方式也很特别。游泳时头部向上，体稍斜直立于水中，完全依靠背鳍和胸鳍来进行运动，扇形的背鳍起着波动推进的作用。繁殖时雌海马把卵产在雄海马腹部的育儿袋中，经过 50～60 天，幼鱼就会从雄海马的育儿袋中生出。雄性负责孵化后代，这在自然界是极其罕见的。

怪兽一般的海马

可惜海马只有 10 厘米长，如果有 10 米长，就成地道的怪物了。

常见的海马种类有克氏海马、刺海马、大海马、三斑海马、线纹海马、日本红海马和小海马等，我国沿海地区皆有出产，以广东、福建、海南三省的产量最大。这是因为海马是一种经济价值较高的名贵中药，具有强身健体、舒筋活络、消炎止痛、镇静安神、止咳平喘等药用功能,特别是对于治疗神经系统的疾病更为有效,自古以来备受人们的青睐。有"北方人参,南方海马"之说。因此,海马国内外市场需求量很大。据介绍,仅中国内地、香港和台湾地区以及新加坡每年销售的海马就达 1 600 万只。

海马全年都可以捕捞,通常以 8～9 月产量最大。渔民用刺网、围网或拖网捕鱼时和其他鱼一同捕上,然后将海马的内脏除去,晒干,或除去外部黑灰色皮膜,除去内脏,将尾盘卷,晒干,选择大小相似者用红线扎成对,就可以上市了。

市场上的海马其实有三种。一种叫海马,体呈长形,略弯曲或卷曲,长 8～23 厘米,体无硬而长的刺;另一种叫刺海马,形状与海马相似,但较小,长约 15 厘米,全身长满 2～4 毫米的硬刺;第三种将幼小的海马晒干,商品上称为海蛆,体长 7 厘米以下,没有硬而长的刺。购买的时候要注意区分哟。

研究表明,海马含有丰富的氨基酸及蛋白质、脂肪酸、甾体和无机元素。另外,三斑海马含硬脂酸、胆固醇、胆固二醇等;线纹海马和刺海马还含乙酰胆碱酯酶、胆碱酯酶、蛋白酶。这些药用成分作用很大:有的能增强人耐缺氧性,减少单胺氧化酶的活性,降低过氧化脂体在体内的含量,进而起到抗衰老的作用;有的能阻断人体钙内流,达到保护神经元的作用;有的能抗癌;有的能滋阴壮阳。

作为药物,海马的食用方法非常多。根据不同的病情,既可以直接泡酒喝,也可以研磨成粉末,与当归、北芪、党参、淮山、红枣、杞子等中药混合炖汤喝。

2.石决明

石决明来自于鲍科动物的贝壳,包括杂色鲍、皱纹盘鲍、耳鲍、九孔鲍、羊鲍、盘大鲍等。现在,市场上出售的石决明分为光底海决、毛底海决和大海决三种。光底海决原动物为九孔鲍,毛底海决原动物为盘大鲍,大海决的原动物为羊鲍。

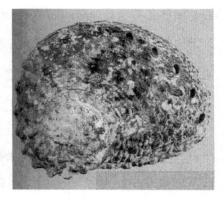

5～9月为捕获季节。捕获时要迅速,趁其不备时捕捉或用铲将其自岩石上迅速铲下,剥除肉作副食品。然后洗净贝壳,除去壳外附着的杂质,晒干,碾碎即成"生石决明"。在炉口上放一铁篦子,将刷净的贝壳密排于上,上复铁锅微留1小缝,火煅约2小时至灰白色,取出放凉,碾碎即成"石决明"。

石决明

根据炮制方法的不同分为石决明、煅石决明、盐石决明。

中国人很早就把石决明当药物使用了。《本草经疏》:"石决明,乃足厥阴经药也。足厥阴开窍于目,目得血而能视,血虚有热,则青盲亦痛障翳生焉。咸寒入血除热,所以能主诸目疾也。"

现代研究表明,石决明主含碳酸钙、胆素及壳角质和多种氨基酸。盘大鲍的贝壳含碳酸钙90％以上,有机质约3.67％,尚含少量镁、铁、硅酸盐、硫酸盐、磷酸盐、氯化物和极微量的碘。光底海决的角壳蛋白经盐酸分得甘氨酸、门冬氨酸、丙氨酸、丝氨酸、谷氨酸等16种氨基酸。大海决可食部分含灰分1.57％,套膜中钠等无机质的含量最高;而镉、铁、钙、镁于内脏中含量高。胶原蛋白含量为全鲍的20％。

医学临床证实,石决明有清热、镇静、降血压、抑交感神经的作用;抗感染作用、抗流行性感冒病毒的作用;具有免疫作用。

3.昆布

昆布为藻类植物翅藻科昆布的藻体,又名木屐菜、鹅掌菜、五掌菜等。藻体深褐色,体高30～100厘米,叶片羽状分裂。很多人容易把昆布和海带混淆,其实这是两种截然不同的海藻。区分两者有如下要点:

——海带多呈卷曲折叠成团状,全体呈黑褐色或绿褐色。用水浸软则膨胀成扁平长带状,长50～150厘米,宽10～40厘米,中部较厚,边缘较薄而呈波状。

——昆布多呈卷曲皱缩成不规则团状。全体呈黑色,较薄。用水浸软则膨胀呈扁平的叶状,长宽约为16～26厘米。两侧呈羽状深裂,裂片呈长舌状,边缘有小齿或全缘。

昆布主要分布在我国东海。

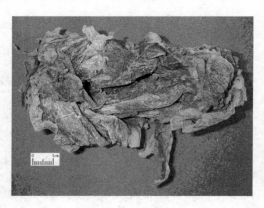

昆布

昆布本身是一种营养价值很高的蔬菜,每百克干昆布中含粗蛋白8.2克,脂肪0.1克,糖57克,粗纤维9.8克,无机盐12.9克,钙2.25克,铁0.15克,以及胡萝卜素0.59毫克,硫胺素(维生素B_1)0.69毫克,核黄素(维生素B_2)0.36毫克,尼克酸16毫克,能发出262千卡热量。与菠菜、油菜相比,除维生素C外,其粗蛋白、糖、钙、铁的含量均高出几倍、几十倍。

昆布性味咸寒,具有软坚散结、消肿利水、润下消痰的功效。用于甲状腺肿、颈淋巴结肿、支气管炎、肺结核、咳嗽、老年性白内障等。《本草经疏》载"昆布，咸能软坚，其性润下，寒能去热散结，故主治十二水肿、瘿瘤结气、瘘疮"。《药性论》载"利水道，去面肿，去恶疮鼠瘘"。

昆布是含碘量很高，一般含碘 3％～5％，多可达 7％～10％。从中提制得的碘和褐藻酸，广泛应用于医药、食品和化工。碘是人体必须的元素之一，缺碘会患甲状腺肿大，多食昆布能防治此病，还能预防动脉硬化，降低胆固醇与脂的积聚。

昆布所含褐藻酸钠盐有预防白血病和骨痛病的作用；对动脉出血亦有止血作用；口服可减少放射性元素锶－90 在肠道内的吸收。褐藻酸钠具有降压作用。昆布淀粉具有降低血脂的作用。近年来还发现昆布的一种提取物具有抗癌作用。昆布甘露醇对治疗急性肾功能衰退、脑水肿、乙性脑炎、急性青光眼都有效。但需要注意，脾胃虚寒者少食用。

此外，昆布还能抑制甲状腺机能亢进、降压、降血糖、降血脂和抗凝。最让人喜欢的是，昆布还有抵抗放射的作用，对于预防放疗所致造血组织损伤，刺激造血恢复及增强癌症患者的免疫功能，合并放射治疗等都有一定实际意义。

4. 龙涎香

汉代，渔民在海里捞到一些灰白色清香四溢的蜡状漂流物，这就是经过多年自然变性的成品龙涎香。从几千克到几十千克不等，有一股强烈的腥臭味，但干燥后却能发出持久的香气，点燃时更是香味四溢，比麝香还香。当地的一些官员，收购后当着宝物贡献给皇上，在宫廷里用作香料，或作为药物。当时，谁也不知道这是什么宝物，请教宫中的"化学家"炼丹术士，他们认为这是海里的"龙"在睡觉时流出的口水，滴到海水中凝固起来，经过天长日久，成了"龙涎香"。

欧洲人传统上把龙涎香叫做"琥珀香"。他们认为"琥珀香"是鲸鱼的粪便或者精液。阿拉伯人和波斯人的看法更有趣：他们认为龙涎香是一种凝固的海浪花，或者是从深海泉水中喷出来的；甚至认为它是一种海洋沉淀物，抑或是生长在海床上的一种菌类，就像生长在树根部的蘑菇、块菌一样。

龙涎香

除此之外，还有各种各样的猜想：有人认为它是海底火山喷发形成的；有的说是海岛上的鸟粪飘入水中，经过长时间的风化而成的；有的说这是蜂蜡，在海水中经过漫长的漂浮生成；还有的说这是一种特殊的真菌。龙涎香也激起了海洋生物学家的兴趣，经过不断的研究，大家认为这是一种巨大的海洋动物肠道分泌物，但到底是什么动物呢？

沙特阿拉伯科特拉岛的渔民主要以捕抹香鲸为生。就是他们最先发现"龙涎香"其实是抹香鲸的排泄物。抹香鲸隶属齿鲸亚目抹香鲸科，是齿鲸亚目中体型最大的一种。雄性最大体长达 23 米，雌性 17 米，体呈圆锥形，头部约占体长的 1/3. 呈圆桶形，上颌齐钝，远远超过下颌。由于其头部特别巨大，故又有"巨头鲸"之称呼，它的头部之大，任何生物都没法比！

有一次，一位老渔民在剖开一条抹香鲸的肠道时，发现了一块龙涎香。当时，渔民们认为这是它从海面吞食的，并没有当做一回事。但这消息不胫而走，引起了海洋生物学家的高度重视，他们立即进行深入的研究，终于解开了龙涎香之谜。原来，大乌贼和章鱼口中有坚韧的角质颚和舌齿,很不容易消化,当抹香鲸吞食大型软体动物后,颚和舌齿在胃肠内积聚,刺激了肠道,肠道就分泌出一种特殊的蜡状物,将食物的残骸包起来,慢慢地就形成了龙涎香。科学家曾在一头 18 米长的抹香鲸的肠道中,发现了肠液与异物的凝结块,认为这是龙涎香的开端。科学家们认为,有的抹香鲸会将凝结物呕吐出来,有的会从肠道排出体外,仅有少部分抹香鲸将龙涎香留在体内。

排入海中的龙涎香起初为浅黑色,在海水的作用下,渐渐地变为灰色、浅灰色,最后成为白色。从被打死的抹香鲸的肠道中取出的龙涎香是没有任何价值的,它必须在海水中漂浮浸泡几十年(龙涎香比水轻,不会下沉)将杂质

抹香鲸

全漂出来,才会获得高昂的身价。身价最高的是白色的龙涎香,在海水中浸泡百年以上;价值最低的是褐色的,它在海水中只浸泡了十来年。

自古以来,龙涎香就作为高级的香料使用。香料公司将收购来的龙涎香分级后,磨成极细的粉末,溶解在酒精中,再配成 5％浓度的龙涎香溶液,用于配制香水,或作为定香剂使用。所以,龙涎香的价格昂贵,差不多与黄金等价。1955 年,一位新西兰人在海滩上捡到一块重 7 千克的灰色龙涎香,卖了 2.6 万美元。但是,要识别龙涎香,必须具备相关的生物学、生态学知识和化学知识,有长期与海洋打交道的经验,不是一般人能做到的。

现代化学实验表明,龙涎香是一些聚萜烯衍生物的集合体,它们大多

有诱人的香味,具有环状的分子结构。现在,龙涎香中的各种成分均能人工合成,但却不能完全代替大海赠与人类的龙涎香,因为目前人类的技术还达不到大自然的奇妙与和谐,特别是天然龙涎香中的龙涎甾,加入香水中后会在皮肤上生成一层薄膜,能使香味经久不散。

(二)海洋药物的药理作用

海洋动物中除含有人类所必需的多种营养成分,如蛋白质、氨基酸、不饱和脂肪酸、维生素和矿物质外,还含有其他陆地动物无法比拟的活性功能因子。

1. 抗菌药物

与海洋生物共存的微生物是一座丰富的抗菌宝库,目前从海洋生物中已分离得到脂肪酸类、丙烯酸类、苯酚类、吲哚类等具有抗菌活性的化合物,国内已开发了系列头孢菌素等海洋抗菌药物。

2. 抗病毒药物

已分离得到萜类、核苷类、生物碱类、多糖类、杂环类等具有抗病毒活性的化合物,国内市场上已有珍宁注射液、珍珠贝壳层酸性提取物等产品上市。

3. 抗肿瘤药物

最有希望的抗癌药物将来自于海洋,海洋抗肿瘤活性物质一直是海洋药物研究的重点。现已发现海洋生物提取物中至少有10%具抗肿瘤活性,包括核苷酸类、酰胺类、聚醚类、大环内酯类等化合物,其中阿糖胞苷等已形成药物。我国正在开发的抗肿瘤药物有6-硫酸软骨素、海洋宝胶囊、脱溴海兔毒素、海鞘素 A(B、C)、刺参多糖钾注射液等药物。目前,有10种海洋抗肿瘤药物进入临床研究,更多的处于临床前研究。

4.抗心血管药物

已研究出多种可供预防和治疗心血管疾病的药物,如萜类、多糖类、多不饱和脂肪酸、肽类和核苷类等物质,均具有抑制血栓形成和扩张血管作用。有50多种海洋生物毒素不仅具有强心作用,而且还有很强的降压作用,现对河豚毒素的抗心律失常作用研究较多。此外,螺旋藻类对高血脂和动脉粥样硬化有较好的预防和辅助治疗作用。

5.消化系统药物

从海洋生物中提取的海星皂苷和总皂苷对胃溃疡的愈合作用优于甲氰咪胍。壳聚糖衍生物对胃溃疡的疗效确切、治愈率高,已进入临床试验。国内药厂配合中药制成的海洋胃药在临床上也取得较好效果。

6.消炎镇痛药物

从海洋天然产物中分离的最引人注目的活性成分是 Manoalide. 它是膦酸酯酶 A_2 抑制剂,在20多年前已被作为典型的抗炎剂在临床应用。

7.泌尿系统药物

褐藻多糖硫酸酯具有抗凝血、降血脂、防血栓、抗肿瘤及改善微循环、抑制白细胞等作用,临床上用于治疗心脏、肾血管病,特别对改善肾功能、提高肾脏对肌酐的清除率作用尤为明显。首先用于治疗慢性肾衰及尿毒症,有明显疗效,且无毒副作用,现已按国家二类新药获准进入临床研究。

(三)海洋药物的现状与未来的发展

据有关医学专家预测,人类将在21世纪制服癌症。那么,人类靠的是何种灵丹妙药?科学家认为,很可能来自海洋。

海参——是一种含有高蛋白的名贵海味。然而,你可能没有想到,有几种海参会从肛门释放出一种毒素,这种毒素具有抑制肿瘤的作用。

海参

牡蛎——这种小小的贝类，十分鲜美可口，不过，它更大的价值却是由于含有一种抗生素。这种抗生素具有抗肿瘤作用。

热带海绵——可以提炼一种治疗疟疾的特效药，而疟疾是世界上传播最为广泛的一种传染病。

目前，一些制药业的研究人员正在进行从海藻和微小海洋生物提取有毒化合物的实验，以作为医治某些疾病的有效手段。初步实验表明，从某种海绵状生物中提取的有毒物质，有抑制癌细胞发展的作用。从灌肠鱼体内提取的某种物质有助于治疗糖尿病。美国一位海洋问题专家形象地说："海洋生物犹如一个可提供有关健康问题解决办法的咨询中心。"

在考虑从海洋中采药的时候，医学专家们十分重视对珊瑚的开发和利用。实验表明，从珊瑚礁中提取的有毒物质，和某种海绵状生物中提取的毒物一样，也具有抑制癌细胞发展的作用；而从珊瑚礁中提取的其他物质对关节炎和气喘病可起到减轻炎症作用。有一种产于夏威夷的珊瑚，它含有剧毒，可用于制成治疗白血病、高血压及某些癌症的特效药。中国南海一种软珊瑚的提纯物，具有降血压、抗心率失常及解痉等作用。

鲨鱼

鲨鱼是一种古老的海洋性鱼类,在全世界分布较广,共有250多种。20世纪80年代中期以来,国际上许多科学家对鲨鱼身体各部分的药理、化学、生物化学及应用等方面进行了悉心的研究,特别是对鲨鱼体内抗肿瘤活性物质的研究更加引人注目。据有关资料报道,美国生物学家对鲨鱼进行了几十年的调查研究后,发现鲨鱼几乎不患任何病,更极少得癌症,似乎对癌症有天然的免疫力。有些科学家将一些病原菌和癌细胞接种于鲨鱼体内,也不能使它们致病。看来,在鲨鱼体内有某种特殊的防护性化学物质。中国的有关专家对鲨鱼的研究,几乎与国际上同步。1985年,上海水产学院和上海肿瘤研究所的专家们,首次发现鲨鱼血清在体外对人类红血球性白血病肿瘤细胞具有杀伤作用。这一科研成果为人类从海洋生物资源中寻找抗肿瘤药物开辟了广阔的天地。

现代社会,科学技术日新月异,物质、精神文明高度发达。但是,疾病对人的困扰,与以前的时代相比,大同小异。至于衰老,更是不可抗拒的自然规律。心脑血管病、癌症,是威胁当代人生命的大敌。为征服这些病症,除不断研制陆地天然药物和化学合成药物外,人们仍然要向海洋寻求更有效的药物。

20世纪60年代以来,西方发达工业国家,纷纷以现代科技方法,大力开展海洋药物研究与试制。法国成立有海洋药物研究中心。国际上最大的制药公司瑞士罗什公司在澳大利亚海滨建立了现代化的海洋药物研究所。美国卫生部组织大学、研究所与药物公司共同开发海洋药物。我国现代药物开发也得到很大发展,已经推出一批高效畅销的海洋药物。

现代海洋药物开发,重点在于提取能抗癌、抗心脑血管硬化的活性物质方面。例如,从某种海藻在中能够提取防血凝、降胆固醇的活性物质,制成防治高血压、血管硬化的药物。从海绵和海参中提取抑制肿瘤药剂。从松鱼和金枪鱼体内提取胰岛素用于治疗糖尿病。章鱼、河鲀毒素均可用来制造抗癌、抗血管硬化的药物。杀菌消炎能力极强的头孢霉素便是从海洋微生物中培养和提取的抗生素,冠以"先锋X号"的名称,成为最畅销的消炎新药。

我国研制开发了许多海洋新药,已投入生产的就有10多个品种,并取得了很好的经济效益和社会效益。海带资源十分丰富,开发潜力很大,用其固着器(根)生产出降压药物——血海灵,临床应用效果很好;用海带中所含甘露醇和烟酸制成的"甘露醇烟酸片",具有降血脂和澄清血液作用;"降糖素"和"PS"也是以海带为原料生产的。利用药用海藻类开发的产品还有褐藻淀粉酯钠、藻酸丙二酯、藻酸双酯钠(PSS)、褐藻胶、琼胶、琼胶素、卡拉胶等。

海洋药用资源的增养殖是扩大药物来源的重要途径。50年来,我国海产养殖发展较快,许多种海洋药用生物养殖成功,有的已实现了大面积的人工生产和工业化生产,改变了完全依附于自然的被动、落后状态。

海马过去一向靠捕捞，用药难以保障，屡屡出现货源吃紧的情况。经过多年研究，掌握了海马的习性和繁育技术，目前我国广东、山东、浙江等地已先后建立起海马人工饲养场，现已能提供部分产品。鲍（石决明）的饲养不仅早已获得成功，而且生产能力也不断提高，近年已投入大规模工业化生产。海带为药食兼用的资源，由于生产技术十分成熟，养殖非常普遍，目前产量居世界首位。其他已实现人工养殖的海洋药用生物有牡蛎、海参、珍珠、海胆、鲎、紫菜、裙带菜、江篱、石花菜、麒麟菜和巨藻等。

　　我们可以乐观地认为，在海洋里淘宝，离征服癌症等无法治愈的疾病的日子将会不远。

无限矿藏

　　海洋是矿物资源的聚宝盆。经过 20 世纪 70 年代"国际 10 年海洋勘探阶段"，人类进一步加深了对海洋矿物资源的种类、分布和储量的认识。

　　人类经济、生活的现代化，对石油的需求日益增多。在当代，石油在能源中发挥第一位的作用。但是，由于比较容易开采的陆地上的一些大油田，有的业已告罄，有的濒于枯竭。为此，近 20～30 年来，世界上不少国家正在花大力气来发展海洋石油工业。

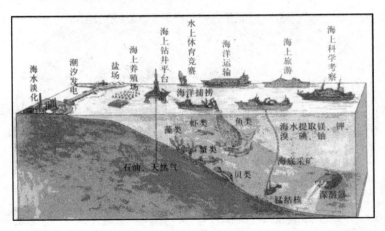

海洋资源立体分布图

　　可以毫不夸张地说，海洋中几乎有陆地上有的各种资源，而且还有陆地上没有的一些资源。目前人们已经发现的有以下六大类：

（一）石油、天然气

海底石油是埋藏于海洋底层以下的沉积岩及基岩中的矿产资源。海底石油（包括天然气）的开采始于 20 世纪初,但在相当长时期内仅发现少量的海底油田,直到 60 年代后期海上石油的勘探和开采才获得突飞猛进的发展。现在全世界已有 100 多个国家和地区在近海进行油气勘探,40 多个国家和地区在 150 多个海上油气田进行开采,海上原油产量逐日增加。

1.海底石油的储量

据估计,世界石油极限储量 1 万亿吨,可采储量 3 000 亿吨,其中海底石油 1 350 亿吨;世界天然气储量 255～280 亿立方米,海洋储量占 140 亿立方米。20 世纪末,海洋石油年产量达 30 亿吨,占世界石油总产量的 50%。

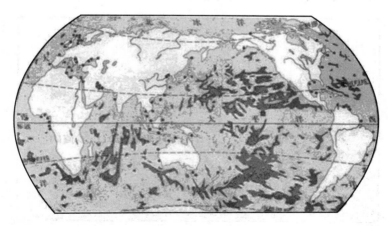

海底石油和锰结核分布图

海底的石油和天然气是有机物质在适当的环境下演变而成的。这些有机物质包括陆生和水生的繁殖量大的低等植物,死亡后从陆地搬运过来，或从水体中沉积下来，同泥沙和其他矿物质一起，在低洼的浅海环境或陆上的湖泊环境中沉积，形成了有机淤泥。

这种有机淤泥又被新的沉积物覆盖、埋藏起来，造成氧气不能自由进入的还原环境。随着低洼地区的不断沉降，沉积物不断加厚，有机淤泥所承受的压力和温度不断增大，处在还原环境中的有机物质经过复杂的物理、化学变化，逐渐地转化成石油和天然气。经过数百万年漫长而复杂的变化过程，有机淤泥经过压实和固结作用后，变成沉积岩（也叫水积岩），形成生油岩层。

沉积岩最初沉积在像盆一样的海洋或湖泊等低洼地区称为沉积盆地，沉积盆地在漫长的地质演变过程中，随着地壳运动所发生的"沧海桑田"的变化，海洋变成陆地，湖盆变成高山，一层层水平状的沉积岩层发生了规模不等的挠曲、褶皱和断裂现象，从而使分散混杂在泥沙之中具有流动性的点滴油气离开它们的原生之地（生油层），经"油气搬家"再集中起来，储集到储油构造当中，形成了可供开采的油气矿藏，所以说沉积盆地是石油的"故乡"。

在储油构造里，由于油、气、水比重不同而发生重力分异：气在上部，水在下部，而石油层居中间。储油构造包括油气居住的空间——储集层；覆盖在储集层之上的不渗透层——盖层；以及遮挡油气进入后不再跑掉的"墙"——封闭条件。只要能找到储油构造，就可以找到油气藏。往往是两种或几种类型的油气藏复合出现，多个油气藏的组合，就叫油气田。

大陆架对石油的生成和聚集具有许多有利条件，加之水深较小，便于开发，因此海底石油资源的勘探和开发目前主要集中在大陆架区。然而，水深较大的大陆坡和大陆隆，也拥有良好的油气远景。

2.世界各国开发海底石油的现状

近20年来,世界各地共发现了1 600多个海洋油气田,其中70多个是大型油气田。目前已开发的近海油气田主要有中东波斯湾的背斜圈闭型油气田,美国墨西哥湾和西非尼日利亚的三角洲相沉积滚动背斜型油气田和盐丘构造型油气田,委内瑞拉马拉开波湖的断块型油气田,欧洲北海南部的二叠系断裂背斜气田、中部的第三系背斜油气田和北部的侏罗系倾斜断块——潜山油气田,东南亚在印度尼西亚、马来西亚、文莱和泰国湾亦已发现了一系列第三系背斜油气田。

中国有辽阔的海域和大陆架。渤海、黄海、东海和南海水深浅于200米的大陆架面积为100多万平方千米。渤海、黄海和北部湾属于半封闭型的大陆架。东海和珠江口外属于开阔海型的大陆架。几条流域面积广大的江河由陆地携带入海的泥沙量每年超过20亿吨。中国大陆架的生储油条件是有利的。

中国于1960年开始在海南岛西南的莺歌海进行海上地球物理测量和钻井。1967年以来,先后在渤海、北部湾、莺歌海和珠江口获得工业油流。通过海底油田地质调查,先后发现了渤海、南黄海、东海、珠江口、北部湾、莺歌海以及台湾浅滩等

世界级深水钻井平台"海洋石油981"

7个大型盆地,面积共达70万平方千米,探明我国在临近各海域油气储藏量40～50亿吨。其中东海海底蕴藏量之丰富,堪与欧洲的北海油田相

媲美。

东海平湖油气田是 1982 年在中国东海发现的第一个中型油气田,位于上海东南 420 千米处。它是以天然气为主的中型油气田,深 2 000～3 000 米。据有关专家估计,天然气储量为 260 亿立方米,凝析油 474 万吨,轻质原油 874 万吨。1996 年下半年,平湖油气田开始海上工程建设。1999 年,平湖油气田正式落成,日产天然气 120 万立方米,主要供应上海市场,主要用作市民燃气。2003 年该田进行了扩建,产能提升至每天 180 万立方米。2006 年,该气田进行了第三期扩建。

浩瀚的海洋中,上有几百米、几千米的水层,下有几千米厚的岩石层,看也看不见,摸也摸不着,怎样才能找到石油呢?在实践中,人们创造了独特的找油办法,一般有地质勘探、地球物理勘探和地球化学勘探等办法。其中物理勘探是普遍采用的办法。

海上石油物理勘探一般是在海洋调查船上装备特别的仪器设备,来发现有利于石油聚集的地层和构造。最常用的办法是采用重力勘探、磁力勘探和地震勘探。

地震勘探——就是在海水中用炸药或用压缩空气爆炸,电火花瞬时释放大量的能量,产生人工地震波,利用声波在不同物质中以不同速度传播的原理,来寻找对石油储积有利的地层和构造。

重力勘探——就是使用重力仪测定海底岩石的重力值,以求得岩石的密度、地质年代和深度。通过对海区重力场的观测来了解沉积岩的厚度和基岩起伏情况,划分所测地区的构造单元,研究隆起的性质,从而来固定油气区。

磁力勘探——就是通过置放在调查船或调查专用飞机上的磁力仪,来测定船舶或飞机经过海区磁力强度大小,以确定海底下磁性基底上沉积的厚度、地质构造，从而寻找石油和天然气。

上述的这些方法只能间接地确定海洋石油在海洋中的位置，究竟海底是否有石油，储量有多大，还必须通过海上钻探这种直接的方法才能证实。因此，海上油气勘探开发中的重要一环就是通过钻探打井所取得的岩心样品来确切掌握海底油气资源的情况。

在海上钻井比在陆地上钻井要困难得多。首先是因为海面动荡不定，要保持钻井稳定，就要建造一个高于海面的工作台或者钻井平台，然后在平台上开展钻探活动。海上钻井平台一般有固定式钻井平台和活动式钻井平台。当然也有的国家制造了钻井船，把钻井设备安装在船上进行钻井作业。

世界上在海洋里钻井数量最多的是美国。英国、印度尼西亚、马来西亚、印度、俄罗斯等国也为数不少。1965年，美国埃克森石油公司在南加利福尼亚近岸海域用"卡斯一1"号钻井装置在世界海洋上打下了第一口深水井，水深为

海上石油钻井平台

193米。后来，深水石油钻井的数量越来越多，技术装备也越来越先进。目前，世界上钻井水深大于1 000米的钻井船有18艘，其中，最大钻井水深为2 600米，最大钻井深度为1 000米。从未来的发展趋势来看，海上石油钻探将向深海发展。

(二)煤、铁等固体矿产

世界许多近岸海底已开采煤、铁矿藏。日本海底煤矿开采量占其总

产量的 30％；智利、英国、加拿大、土耳其也有开采。日本九州附近海底发现了世界上最大的铁矿之一。亚洲一些国家还发现许多海底锡矿。已发现的海底固体矿产有 20 多种。我国大陆架浅海区广泛分布有铜、煤、硫、磷、石灰石等矿。

海底煤矿作为一种潜在的矿产资源已越来越被世界各国重视，特别是对那些陆上煤矿资源缺乏而工业技术又很先进的国家来说更是不可多得的资源。海底煤矿是人类最早发现并进行开发的海底矿产。据统计，世界海滨有海底煤矿井 100 多口。从 16 世纪开始，英国人就在北海和北爱尔兰开采煤。目前，英国、土耳其、加拿大、智利、澳大利亚、新西兰、日本等国均有不同规模的开发，并获得了巨大的经济效益。

英国海底煤矿大多数集中在苏格兰和英格兰交界地带的纽卡斯尔市周围以及达勒姆郡东北部和诺森伯兰郡东南部的浅海地区。加拿大的海底煤矿主要分布在新斯科舍布雷顿角岛东部地区，储量巨大，仅莫林地区煤储量就达 20 亿吨。智利的海底煤矿分布在康塞普西翁城以南约 40 千米处，有两个海底煤矿（洛塔和施瓦格尔），年产量一般 84 万吨。日本的海底煤矿以九州西岸外和北海道东岸外最为丰富。20 世纪 70 年代探明的海底可采煤达 3 亿吨以上，1982 年又在长崎附近的池岛发现一个储量为 9 000 万吨的新煤矿。

中国海底煤田亦有分布，除现已探明的山东省龙口海底煤田外，黄海、东海和南海北部以及台湾省浅海陆架区大约 300 平方千米的新生代地层中也蕴藏着丰富的煤炭资源。我国的陆架煤矿主要分布在浅海区，向东可延伸到冲绳海槽中部和北部。主要煤型为褐煤，次为长褐煤、泥煤、含沥青质煤等，属浅变质类型。

2005 年 6 月 18 日，位于胶东半岛北部的龙口市境内的北皂海域

2101首采面试采成功,开创了我国海下采煤的先河,成为世界上第六个进行海下采煤的国家,也是第一个在海下采用综合机械化放顶煤开采技术的国家。

(三)海滨砂矿

海滨砂矿是指在滨海水动力的分选作用下富集而成的有用砂矿。该类砂矿床规模大、品位高、埋藏浅、沉积疏松、易采易选。

海滨砂矿主要来源于陆上的岩矿碎屑,经过水的搬运和分选,最后在有利于富集的地段形成矿床。在某些地区,冰川和风的搬运也起一定作用。河流不但能把大量陆源碎屑输送入海,而且在河床内就有着良好的分选作用。现在陆架上被海水淹没的古河床,便是寻找砂矿的理想场所。海滩上的水动力作用对碎屑物质的分选作用也很强,经波浪、潮汐和沿岸流的反复冲洗,可使比重大的矿物在特定的地貌部位富集起来。冰期低海面时形成的海滨砂矿,已淹没于浅海之下。砂矿中的重矿物一般是来自陆上的火山岩、侵入岩和变质岩。这类基岩在陆地上的展布状况,对寻找海滨砂矿矿床具有一定的指导意义。

滨海砂矿主要包括建筑砂砾、工业用砂和矿物砂矿。工业砂据其质地而用于不同的方面,如铸造用砂和玻璃用砂等。矿物砂矿含有许多贵重矿物,如发射火箭用的固体燃料钛的金红石;含有火箭、飞机外壳用的铌和反应堆及

海滨采矿

微电路用的钽的独居石;含有核潜艇和核反应堆用的耐高温和耐腐蚀的

锆铁矿、锆英石;某些海区还有黄金、白金和银等。

海滨砂矿的调查勘探工作,从本世纪上半叶就开始了。虽然第二次世界大战期间,部分国家因急需某些金属而进行过砂矿的勘探和开发,但一般技术简单,开采量也较小。而用较先进的技术和方法进行调查,是20世纪50年代以后的事。

据统计,从事砂矿调查的沿海国家有40多个,已报道探明砂矿储量的国家有近20个。主要金属砂矿(不含锡石、铬铁矿、金砂和铁砂等)23 713.67万吨,其中钛铁矿最多,它是海滨砂矿的主体,储量达103 530万吨;其次为钛磁铁矿,储量为82 400万吨。以下依次则为磁铁矿,储量16 000万吨;锆石2 263.5万吨;金矿石1 285万吨;独居石255.175万吨。

海滨砂矿中的稀有、稀土矿产主要分布在热带、亚热带,在温带也有分布。以印度半岛、中国沿海、大洋洲、非洲西海岸和大西洋西岸最为集中,仅印度半岛的储量就达1.278亿吨。金矿和铁砂矿等贵金属矿产,主要分布在美国阿拉斯加州诺姆等地区。锡砂矿主要集中于东南亚国家热带地区,矿带海陆相连。黑色金属矿中的磁铁矿主要分布在日本和加拿大,钛磁铁矿分布在新西兰,铬铁分布于美国西海岸,金刚石主要分布于西南非洲沿岸和浅海。

目前,世界上已开采的海底铁矿有两处,一个是芬兰湾贾亚萨罗·克鲁瓦矿;另一个是加拿大纽芬兰附近延伸到大西洋底的铁矿。纽芬兰的大西洋底铁矿的储量有几十亿吨,从贝尔岛的入口修建竖井和隧道进行开采。这个矿已经开采几十年了。此处铁矿系磁铁矿脉,是用地球物理磁力探矿法发现的。在开采的时候,是通过失萨罗岛开竖井和2.5千米长的隧道进行的,还有一处是从邻近岛上打下竖井和水平坑道进行的。

英国的康沃尔洲附近的莱文特锡矿是世界上唯一的海底基岩锡矿。该处的锡矿脉离海岸 1.6 千米，系直立锡矿脉。入口处设在海岸上，开凿了岸边竖井，采取下向梯段回采法。这个海底锡矿是个老矿，1969 年曾进行过矿洞改造，成功地完成了与旧矿区隔离的工程。

美国的阿拉斯加重晶石公司，在阿拉斯加附近的卡斯尔海滨开发的海底重晶石矿，是目前世界上为数不多的海底重晶石矿之一。该矿场距海岸 1.6 千米，矿脉在海底 15.2 米处。由于覆盖层较薄，所以采取了水下暴露开采法，使用爆炸的开掘采矿方法。

海滨砂矿的品位一般都较高。钛铁矿的含量为 3%～4%；锆石精矿的含量为 23%～65%；金红石的含量为 24%～67%；独居石的含量为 0.2%～2%，最高达 20%～22%；磁铁矿的平均含量为 6.3%～7%，矿石含铁量 13%～56%；锡石每立方米含锡 0.2～1 千克，有的局部达 10%；金刚石每立方米含 0.31～3.68 克拉（1 克拉为 200 毫克）；金矿每吨砂石含量 5.2～50 克。

滨海砂矿在浅海矿产资源中，其价值仅次于石油、天然气，居第二位。

中国目前已探查出的砂矿矿种有锆石、钛铁矿、独居石、磷钇矿、金红石、磁铁矿、砂锡矿、铬铁矿、铌钽铁矿、砂金、石英砂、金刚石和铂矿等，其中以钛铁矿、锆石、独居石、石英砂等规模最大，资源量最丰。

(四)深海多种金属混合矿

多金属结核含有锰、铁、镍、钴、铜等几十种元素。世界海洋 3 500～6 000 米深的洋底储藏的多金属结核约有 3 万亿吨。据计算，其中锰的产量可供世界用 18 000 年，镍可用 25 000 年。

1.锰结核矿

1873 年 2 月 18 日，英国"挑战者"号调查船在进行环球科学考察时，在加那利群岛西南 300 千米的费罗岛海域用拖网采集洋底沉积物样品时，偶然发现了一种类似鹅卵石的硬块。硬块表面颜色呈暗褐色，直径多在 1～25 厘米不等，重量从几十克到数百克不等，此后"挑战者"号上的科学家们又在大西洋、印度洋和太平洋其他的一些海域采集到了类似的黑色鹅卵石块。这些黑色鹅卵石样品被送到大英博物馆收藏起来了。

锰结核

大约过了 10 年的时间，在 1882 年，英国爵士约·雷默和地质学家雷纳教授对这些样品进行了分析研究。因为这种黑色硬块的主要成分是锰，把它正式命名为"锰结核"。20 世纪初，对锰结核的研究并没有引起人们的注意，甚至连一些海洋地质学家也轻率地认为，这不过是运载锰矿石的船只沉没在某个海区而发生的偶然现象而已。直到 1959 年，美国科学家约翰·梅罗才较为认真并系统地分析了锰结核的化学成分和储量，锰结核才开始从深海走向人们的视野。

1961 年，苏联"勇士"号海洋考察船在印度洋的深海底，再一次发现了数量颇为丰富的锰结核，后来，又在夏威夷西南部水下 3 800 米的地方捞起一块重达 2 000 千克的锰结核，锰结核才日益受到国际社会的关注。因为它们是未来可利用的最大的金属矿资源。

调查表明，锰结核矿是一种富含铁、锰、铜、钴、镍和钼等 70 多种金属的大洋海底自生沉积物，呈结核状，主要分布在水深 3 000～6 000 米的平坦洋底，是棕黑色的，形态多种多样，有球状、椭圆状、马铃薯状、葡萄状、扁平状、炉渣状、姜块等。锰结核的大小尺寸变化也比较悬殊,从几微米到几十厘米的都有,重量最大的有几十千克。

据计算,各大洋锰结核的总储藏量约为 3 万亿吨,其中包括锰 4 000 亿吨,铜 88 亿吨,镍 164 亿吨,钴 48 亿吨,分别为陆地储藏量的几十倍乃至几千倍。以当今的消费水平估算,这些锰可供全世界用 33 000 年,镍用 253 000 年,钴用 21 500 年,铜用 980 年。

太平洋里锰结核丰富区位于太平洋北纬 6°~20°、西经 110°~180°,其宽度约 200 千米,面积约 1 080 万平方千米。这里是一个比较平缓的广阔的深海丘陵地带,水深 3 200~5 900 米,海底沉积物多为硅质软泥和黏土,有利于锰结核富集。这个海区的 75% 以上海底为锰结核所覆盖,分布密度在每平方米 10 千克以上,高的甚至每平方米 100 千克。因此,日本人称这个海区为"锰结核的银座",美国人则称之为"世界海底锰之路"。大西洋的德雷克海峡以及斯科特海和北大西洋西南角的海域是锰结核富集区。印度洋中的锰结核则更多地集中在深海盆地之中。

那么,锰结核是怎么形成的?

它的物质来源大致有四方面:一是来自陆地,大陆或岛屿的岩石风化后释放出铁、锰等元素,其中一部分被海流带到大洋沉淀;二是来自火山,岩浆喷发产生的大量气体与海水相互作用时,从熔岩搬走一定量的铁、锰,使海水中锰、铁越来越富集;三是来自生物,浮游生物体内富集微量金属,它们死亡后,尸体分解,金属元素也就进入海水;四是来自宇宙,有关资料表明,宇宙每年要向地球降落 2 000~5 000 吨宇宙尘埃,它们富含金属元素,分解后也进入海水。

所以,与陆地上的矿藏不同,锰结核是一种可再生矿物。它每年约以 1 000 万吨的速率不断地增长着,是一种取之不尽、用之不竭的矿产。

因为锰结核里包含多种战略物资，必将引起资源争夺。1978年，日本采矿船用抽吸式和气动提升式采集锰结核获得成功。美国已用20万吨级的采矿船，用自动控制的设备采集南太平洋底的锰结核。

我国的海洋调查船已于1979年开始采集南太平洋的锰结核样品。1988年初，"海洋"4号船在南海尖峰山区水深1 480米处采获锰结核262.72千克，其中最重的一块为39.3千克。1988年底，"向阳红"16号船在太平洋圈定10万平方千米的锰结核远景矿区，为研究、开发和利用海底宝藏提供了宝贵的资料。

2011年7月28日到30日，我国"蛟龙"号载人潜水器成功下潜5 000米深度后，给我们带回来了5 000米海底锰结核的画面，这也是5 000米海底锰结核画面的首度曝光。"蛟龙"号同时带回5 000米海底锰结核样本，我国开发海底锰结核矿源迈出重要一步。

2. 富钴结壳矿

富钴结壳矿是生长在海底岩石或岩屑表面的一种结壳状自生沉积物，主要由铁锰氧化物组成，富含锰、铜、铅、锌、镍、钴、铂及稀土元素，平均含钴达0.8%～1%，是大洋锰结核中钴含量的4倍。金属壳厚1～6厘米，平均3厘米，最厚可达15厘米。结壳主要分布在

富钴结壳矿

水深300～3 000米的海山、海台及海岭的顶部或上部斜坡上。

美、德、日、俄等发达国家在钴结壳资源的勘查、开采、冶炼加工等技术研究上投入了巨资，已取得较大进展。俄罗斯于1998年在国际海底管

理局第四届会议期间正式向管理局提出了制定海底钴结壳开发的有关规章的要求。中国、韩国等少数发展中国家近十年来也积极开展了钴结壳开采技术等方面的研究工作。

1981年,"德国中太平洋一号"巡航船对夏威夷南部的莱恩群岛进行了第一次系统的调查时,发现中太平洋海域较大范围内存在巨大经济价值的钴结壳潜在资源。随后相继进行了一系列调查,对太平洋海域的钴结壳资源分布、地球物理化学特性及矿床成因作了系统研究。

美国地质调查所于1983～1984年对太平洋、大西洋等海域进行了一系列的调查研究,发现在太平洋岛国专属经济区的赤道太平洋和美国专属经济区以及中太平洋国际海域800～2 400米水深的海山处,存在许多有开采价值的富钴结壳矿床,仅夏威夷—约翰斯顿环礁专署经济区内5万千米的目标区内钴结壳的资源量就达3亿吨,按当时的估计,此资源开采出来可供美国消费数万年。

俄罗斯从1986年开始有计划地进行钴结壳的地质勘探工作。1986～1993年对西太平洋近赤道北部地带进行了23次调查,调查面积达200万千米,通过区域性调查,划出了钴结壳矿带。1994年提出了"麦哲伦海山带钴结壳普查勘探工作安排的技术经济方案",圈定了一些矿床的边界,计算了详查区段和试验采区结壳的矿石储量以及整个矿床的预测资源量,并制定了勘探阶段的工作方法及规范,编制了钴结壳试验开采设计,查明水文、生态和环境条件等。

日本于1986年在米纳米托里西马群岛区域采集到了富钴结壳样品,成立了钴结壳调查委员会。国营金属矿业会社于1987年7～8月在水深为550～3 700米的米钠米—威克群岛海域进行了调查,找到了一些平均厚度为3厘米的钴结壳矿层,其钴含量为陆地矿的10倍以上。1991年对西太平洋的第 5 号 Takuyou 海山进行了调查,发现在水深不到 1 500 米的地势平坦的 3 000 千米范围内存在大量富钴结壳,总储量约 0.96 亿吨。此外,在海底沉积物下还发现埋有大量的钴结壳,因而钴结壳的资源量远远超过以前的估计。

中国自 1997 年正式开始对中太平洋海山区进行有计划的前期调查。对 5 座海山勘查结果分析表明,钴结壳主要分布在水深 1 700～3 500 米的平顶海山顶面和山坡上,水深较浅站位结壳的钴品位为 0.7%～0.9%,水深较大站位的钴品位为 0.5%～0.6%,平均厚度 3 厘米,最厚可达 13 厘米,而且顶面边缘厚度最大,钴品位也较高。其中 3 座海山面积为 15 396.5 万千米,钴金属量 241 万吨,镍当量 1 413.31 万吨。

美国、日本、俄罗斯等发达国家相继对各专属经济区内的富钴结壳矿床开展研究的同时,也提出了相应的富钴结壳开采方法,有代表性的包括美国专家提出的"自行式采矿机—管道提升的钴结壳开采方法"、日本专家提出的"拖曳式采矿机—管道提升的钴结壳开采方法"和俄罗斯专家提出的"绞车牵引挠性螺旋滚筒截割采矿机—管道提升钴结壳开采方法"等 3 种开采方法,目前这些开采方法都处于方案研究阶段。

3. 磷钙土矿

磷钙土又称磷块岩,是海洋中磷的重要来源,主要由碳氟磷灰石、氯磷灰石、羟磷灰石和氟磷灰石等磷灰石类矿物组成。实际上,磷钙土是一种海底自生沉积物。常呈结核状或粒状产出,断面多呈鲕状或层状构造,多分布在水深小于 1 000 米的岸外浅滩、浅大陆架上、海陆架、陆坡上部、边缘台地和海山或海台上。它们呈层状、板状、贝壳状、团块状、结核状和碎砾状产出。大陆边缘磷钙土主要分布在水深十几米到数百米的大陆架外侧或大陆坡上的浅海区,主要产地有非洲西南沿岸、秘鲁和智利西岸;

大洋磷钙土主要产于太平洋海山区，往往和富钴结壳伴生。

磷钙石是制造磷肥、生产纯磷和磷酸的重要原料。另外磷钙石常伴有含量高的铀、铈、镧等金属元素。据估计，海底磷钙石达数千吨，如利用其中的10％则可供全世界几百年之用。

海底磷钙石的形态有磷钙石结核、磷钙石砂和磷钙石泥三种，其中以磷钙石结核最重要。磷钙石结核是一些大小各异、形状多样、颜色不同的块体，直径一般几厘米，最大体积可达(60×50×20)立方厘米。磷钙石砂呈颗粒状，大小只有0.1～0.3毫米，颇似鱼卵。

关于磷钙石的成因有许多假说，较流行的有生物成因说和化学沉淀说。综合的观点是上述两假说被看做磷钙石形成的两个阶段：

(1)生物作用阶段：是大量繁殖的生物把溶解和分散在海水中的磷酸盐富集到其机体内；

(2)化学作用阶段：是大量生物死亡后，在分解过程中释放出磷，交代方解石和生物残体等化学作用而形成磷钙石。

(五)海底热液矿藏

热液矿藏是由海底热液成矿作用形成的块状硫化物、重金属软泥及金属沉积物堆积而成，也称热液硫化物矿床。

发现海底热液矿藏的历史并不长。20世纪60年代中期，美国海洋调查船在红海首先发现了深海热液矿藏。而后，一些国家又陆续在其他大洋中发现了这种矿藏。

海底热液矿藏其实是由海脊(海底山)裂缝中喷出的高温熔岩，经海水冲洗、析出、堆积而成的，并能像植物一样不断生长。它含有金、铜、锌等几十种稀贵金属，而且金、锌等金属品位非常高，所以又有"海底金银库"之称。饶有趣味的是，重金属五彩缤纷，有黑、白、黄、蓝、红等各种颜色。

海底热液矿床的发现,引起世界各国的高度重视。专家们普遍认为,海底热液矿是极有开发价值的海底矿床。美国把海底热液矿床看做是未来的战略性金属的潜在来源,并且由政府出面,制订了中长期开发计划。

目前探明海底热液矿藏主要产于水深 1 500～7 000 米的高热流区的洋中脊、海底裂谷带和弧后边缘海盆的构造带内,主要分布在东太平洋海隆、大西洋中脊、印度洋中脊、红海、北斐济海盆、马里亚纳海沟及中国东海冲绳海槽轴部等处。全世界发现了 30 多处矿床。

美国对加拉帕戈斯裂谷进行了多次调查,于 1981 年发现了一个大的富铜多金属矿区,约有 2 500 万吨,铜的品位为 10%,周边地区发现一些块状硫化物矿床,开采价值 39 亿美元。

热液矿藏堆积成矿速度极快,一般每 5 天就能堆积 40 厘米左右,仅铜一项每年可净增 5 万吨。因此获得"矿床制造厂"的美誉。美国加拉帕戈斯中脊的 2 500 万吨的矿床,据推测只用 100 年就形成了。

易采易造的特征表明海底热液矿藏具有良好的开发前景。此外,海底热液矿藏通常还伴生有丰富而独特的生物资源。

(六)可燃冰

"可燃冰"的学名叫天然气水合物,分布于深海沉积物或陆域的永久冻土中,是由天然气与水在高压低温条件下形成的类冰状的结晶物质。因其外观像冰一样而且遇火即可燃烧,所以又被称作"可燃冰"或者"固体瓦斯"和"气冰"。

可燃冰这种宝贝可是来之不易,它的诞生至少要满足三个条件:第一是温度不能太高,如果温度高于 20℃,它就会"烟消云散",所以,海底的温度最适合可燃冰的形成;第二是压力要足够大,海底越深压力就越大,可燃冰也就越稳定;第三是要有甲烷气源,海底古生物尸体的沉积物,被细菌分解后会产生甲烷。

据估计,全球可燃冰的储量是现有石油天然气储量的两倍。可燃冰在自然界广泛分布在大陆永久冻土、岛屿的斜坡地带、活动和被动大陆边缘的隆起处、极地大陆架以及海洋和一些内陆湖的深水环境。科学家的评价结果表明,仅仅在海底区域,可燃冰的分布面积就达 4 000 万平方千米,占地球海洋总面积的 1/4。目前,世界上已发现的可燃冰分布区多达 116 处,其矿层之厚、规模之大,是常规天然气田无法相比的。科学家估计,海底可燃冰的储量至少够人类使用 1 000 年。

可燃冰

1960 年,苏联在西伯利亚首先发现了可燃冰,并于 1969 年投入开发。研究表明:可燃冰能量密度高,杂质少,燃烧后几乎无污染,矿层厚,规模大,分布广,资源丰富,使用方便。其成分与人们平时所使用的天然气成分相近,但更为纯净,开采时只需将固体的可燃冰升温减压就可释放出大量的甲烷气体。在标准状况下,1 单位体积的可燃冰分解最多可产生 164 单位体积的甲烷气体。

因此，一场近乎疯狂的比赛开始了。美、英、德、加、日等发达国家纷纷投入巨资相继开展了本土和国际海底可燃冰的调查研究和评价工作，同时美、日、加、印度等国已经制定了勘查和开发可燃冰的国家计划。特别是日本和印度，在勘查和开发天然气水合物的能力方面已处于领先地位。

我国也在南海和东海发现了可燃冰。据测算，仅我国南海的可燃冰资源量就达 7 00 亿吨油当量，约相当于我国目前陆上油气资源量总数的 1/2。2009 年 9 月中国地质部门公布，在青藏高原发现了可燃冰，预计 10 年左右就能投入使用。这是中国首次在陆域上发现可燃冰，使中国成为加拿大、美国之后，在陆域上通过国家计划钻探发现可燃冰的第三个国家。粗略地估算，远景资源量至少有 350 亿吨油当量。

2006 年 8 月，我国宣布计划耗资 8 000 万元在未来的 10 年内研究可燃冰。

2010 年 12 月 15 日，中国科考人员在中国南海北部神狐海域钻探目标区内，圈定 11 个可燃冰矿体，含矿区总面积约 22 平方千米，矿层平均有效厚度约 20 米，预测储量约为 194 亿立方米。获得可燃冰的三个站位的饱和度最高值分别为 25.5％、46％和 43％，是目前世界上已发现可燃冰地区中饱和度最高的地方。

向海洋进军

鲎是一种古老的海洋节肢动物。它有两只包含了1 000个单眼的复眼。经由简单的机制,鲎的复眼能使用略去细节而突出边框的方法增大目标的清晰度。受到鲎眼的启发,科学家解决了电视机的清晰度问题。

你可能要说,这不属于仿生学吗?

没错,许许多多的海洋生物都曾经成为了人类的老师,为人类提供了不可计数的灵感。事实上,海洋总能从意想不到的地方帮助我们。过去如此,现在如此,将来也是如此。

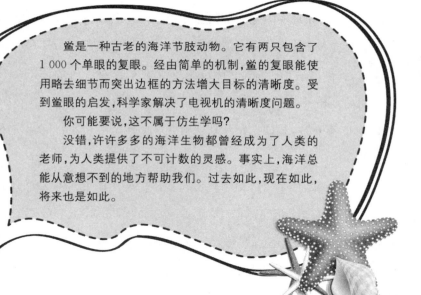

海洋运输

问你一个问题,从拉萨运一吨牦牛肉到上海,与上海把同样的一吨牦牛肉运到墨尔本,哪个花的钱更多? 你肯定会认为是前者,因为距离更近嘛。可惜,正确的答案是后者。从拉萨到上海,靠铁路运输;从上海到墨尔本,靠海洋运输,而海洋运输的成本远远低于铁路。

(一)海洋运输的优缺点

海洋运输是国际商品交换中最重要的运输方式之一。与陆地运输和航空运输相比,海洋运输具有以下特点:

——海洋运输借助天然航道进行,不受道路、轨道的限制,通过能力更强。随着政治、经贸环境以及自然条件的变化,可随时调整和改变航线完成运输任务。

——随着国际航运业的发展,现代化的造船技术日益精湛,船舶日趋大型化。

——海上运输航道为天然形成,港口设施一般为政府所建,经营海运业务的公司可以大量节省用于基础设施的投资。船舶运载量大、使用时间长、运输里程远、单位运输成本较低,为低值大宗货物的运输提供了有利条件。

——海洋运输一般都是一种国际贸易,它的生产过程涉及不同的国家或地区的个人和组织,海洋运输还受到国际法和国际管理的约束,也受到各国政治、法律的约束和影响。

海洋运输也有明显的不足之处：海洋运输是各种运输工具里速度最慢的运输方式。由于海洋运输是在海上，受自然条件的影响比较大，比如台风，可以把整艘运输船卷入海底，风险比较大。另外，还有诸如海盗的侵袭，风险也不小。同时，海洋运输只是整个运输过程的一个环节，两端的港口必须依赖其他运输方式的衔接和配合。

载重达 5.5 万吨的"维多利亚"号散货船舶

(二)海洋运输的主力

大型货船是海洋航运的主力。20 世纪 80 年代，一艘超巴拿马级货柜船长 295 米、宽 32 米、吃水深度逾 14 米，可运载 5 000 个 20 英尺标准集装箱(长 20 英尺、宽 8 英尺、高 8 英尺 6 吋，内容积为 5.69×2.13×2.18米，配货毛重一般为 17.5 吨，体积为 24～26 立方米)。到了 90 年代，货轮级别又有所提升，长度超过 300 米。到了 20 世纪末，已经突破 350 米大关。到了 2010 年，长 380 米、宽 55 米，能载 12 000 个 20 英尺标准集装箱的超级货轮已经下水了。

货船的大小在不断增加，大型货船船队的货船数量也在不断增加。没有其他任何行业的增长速度可以与之相提并论。这些大货船可不像小船那样，可以灵巧地转向停泊，它需要大容量的船坞提供泊位。因此，现在衡量一个国家的经济实力，港口吞吐量就成为重要的标准。

上海港一角

早在 1999 年，就有 9 万亿吨的货物是由海运来负担的，货物运输量占全部国际货物运输量的比例在 80％ 以上。世界著名海港有上海、东京、安特卫普、曼谷、马尼拉、汉堡、热地那、巴塞罗那、鹿特丹、圣保罗、波特兰、墨尔本、里约热内卢、香港和旧金山等。

世界运输的前途在海洋上。

向海洋要淡水

海洋虽然是一个巨大的天然水库,约占地球总水量的 94%,但海水含盐量高,人类是不能直接利用的。而人类居住的地球陆地上,总水量约有 2 800 多万立方千米的淡水,约占地球总水量的 2%。比较容易开发利用的淡水资源是地下水、淡水湖泊、土壤水和河流,共有 400 多万立方千米,占地球总水量的 3‰,而且这些水在地球上的分布很不均匀,所以很多国家的水资源十分贫乏。人口增长的速度越来越快,生态环境面临的压力也越来越大,地球缺水情况也越来越严重。

向海洋要淡水已成定势。

(一)天然的海洋淡水

我国福建南部沿海的渔民都知道,在漳浦县古雷半岛东面就有一处淡水区,叫玉带泉。知道这个秘密的过往船只常常要到这里补充淡水,以解燃眉之急。关于玉带泉有一个有趣的传说:在南宋行将灭亡的前夕,杨太后带领她的儿子少帝,乘船从海上逃往广东。海上没有淡水,太后就将少帝的玉带投入海中,暗暗祈祷:"天未亡宋,愿海中涌出甘泉。"话音刚落,海中真的就有甘泉涌出,后人便称它为玉带泉。

在国外这种例子也不少。哥伦布在他赴美洲的航行中,行到南美洲东北的奥里诺科河口时,因为船中没有淡水,船员们互相争斗,一个船员被扔进了大海。可是这个船员掉到海里以后,便大喊:"淡水!淡水!"于是船员们停止了殴斗,争先恐后跳到海里痛痛快快地喝了个够。

其实海里的淡水并不少见。人们发现在美国佛罗里达半岛以东的海面上,有一块方圆约 30 平方米的淡水区,看上去与周围的海水不太一样。一般咸的海水是深蓝色的,而在这里则呈淡绿色,水温也不一样。用嘴一尝,淡淡的,根本没有海水那种苦、涩、咸的味道。

是什么原因使大海中有大量的淡水存在呢?

第一,海上有淡水泉,它的形成与陆地上泉的成因基本相同。比如上面提到的佛罗里达半岛以东海上的那一片淡水,就是一个海上淡水泉。佛罗里达半岛海外有一个小盆地,中间深、四周高,盆地下面埋藏着丰富的淡水。淡水在盆地中受到很大的静压力,就在盆地中央以泉的形式喷出。科学家们计算出,这个海下喷泉的出水量为每秒 40 立方米,这个数字比陆上常见泉水出水量大得多。

第二,一些流入海中的大江、大河的河口处,由于河流的水量巨大,大量淡水一时又不能与海水混合,就浮在海面上,成为重要的淡水源。比如,非洲西部的刚果河,论水量它是世界第二大河,每秒钟就有 39 000 多立方米的淡水流进大西洋,在海中形成一个范围很大的淡水区。在非洲西海岸外航行的船只,可以在远离河口以外的海上找到淡水。

除了大家都知道的一些淡水区以外,有什么办法能帮助我们在茫茫的大海里找到更多宝贵的淡水呢?随着卫星、遥感等高科技的发展,人们可以利用红外线空间摄影的方法,把海中的淡水区一个个找出来。据说,在夏威夷群岛附近的浅水区里,就有 200 多个淡水区。而俄罗斯海洋学家探测查明,世界各大洋底部也拥有极为丰富的淡水资源,其蕴藏量约占海水总量的 20%。这为人类解决淡水危机展现了光明的前景。

海底淡水一旦开发成功,将给沿海城市带来福音。

(二)搬运冰山

说地球缺水,其实缺的是淡水。淡水储量仅占全球总水量的2.53%,而且其中的68.7%又属于固体冰川,分布在难以利用的高山和南、北两极地区。但是,冰山的存在为利用南北极的淡水资源提供了可能。

在冰川或冰盖(架)与大海相会的地方,冰与海水的相互运动,使冰川或冰盖末端断裂入海成为冰山。还有一种冰川伸入海水中,上部融化或蒸发快,使其变成水下冰架,断裂后再浮出水面。大多数南极冰山是当南极大陆冰盖向海面方向变薄并突出到大洋里成为一前沿达数面千米长的巨大冰架,逐渐断裂开来而形成的。冰山产生的速率在北冰洋为每年2 800亿立方米,在南极为每年18 000亿立方米。大多数冰山的比重为0.9,因此其质量的6/7在海面以下。北冰洋的冰山高可达数十米,长可达一二百米,形状多样。

南极冰山一般呈平板状,同北冰洋冰山相比,不仅数量多,而且体积巨大。长度超过8千米的冰山并不少见。有些甚至高达数百米。已知世界最大的冰山是B15。2000年3月,它从南极罗斯冰架上崩裂下来。它的面积达到1.1万平方千米。现在,这座冰山已经分裂,分别命名为B15A和B15J,仍然在罗斯海上缓慢地漂移。冰山冰的平均年龄都在5 000年以上,可以说那都是没有受过工业污染的干净的冰。

很早以前就有人设想把从南极漂浮出来的冰山,拖到像中东那样干旱地区的海岸,作为淡水资源应用。

参考目前的科技水平,大抵可以有以下三个方案来运输冰山:

(1)以液态形式:但这需要花大量的资金来融化冰山。

(2)以小冰块的形式:尽管这样会节省大量的资金,但在各种设备上的投入必将增加。

(3)以大冰块的形式:尽管这种方法资金投入少,但可能会造成许多严重的装载问题。

漂浮的冰山

由于这三种方法的资金投入都非常大,因此,无论采用哪种方法,运输冰山的成本都特别高。而目前,操作及运输设备方面的技术水平还不具备处理如此大密度、大面积重物的条件。同时,有冰山的地区(南极洲和格陵兰岛)也不适合这些重型设备和机械的操作。此外,地球上现在还没有能够承担运输这种巨型冰块任务的船只。所以,目前冰山搬运还停留在科幻小说的阶段。

大量利用南极冰山解决热带地区的缺水问题,对于全球环境来说应该是利大于弊的,不仅可以缓解干旱地区的缺水问题,还可以减少温室效应所带来的海平面升高的影响。但是,大量利用南极冰山可能会引发各国对南极资源的争夺及破坏式掠夺。

(三)海水淡化

海水淡化是人类追求了几百年的梦想。早在400多年前,英国王室就曾悬赏征求经济合算的海水淡化方法。

现代意义上的海水淡化则是在第二次世界大战以后才发展起来的。战后由于国际资本大力开发中东地区石油，使这一地区经济迅速发展，人口快速增加，这个原本干旱的地区对淡水资源的需求与日俱增。而中东地区独特的地理位置和气候条件，加之其丰富的能源资源，又使得海水淡化成为该地区解决淡水资源短缺问题的现实选择，并对海水淡化装置提出了大型化的要求。

在这样的背景下，20 世纪 60 年代初，多级闪蒸海水淡化技术应运而生，现代海水淡化产业也由此步入了快速发展的时代。

第一个海水淡化工厂于 1954 年建于美国，现在仍在得克萨斯的弗里波特运转着。佛罗里达州的基韦斯特市的海水淡化工厂是世界上最大的一个，它供应着整座城市的用水。

日本福冈海水淡化厂

海水淡化技术的大规模应用始于干旱的中东地区，但并不局限于该地区。由于世界上 70% 以上的人口都居住在离海洋 120 千米以内的区域，因而海水淡化技术近 20 多年来迅速在中东以外的许多国家和地区得到应用。最新资料表明，到 2003 年，世界上已建成和已签约建设的海水和苦咸水淡化厂,其生产能力达到日产淡水 3 600 万吨。到了 2010 年,全世界共有近 8 000 座海水淡化厂,每天生产的淡水超过 60 亿立方米。

目前,全球海水淡化日产量的 80% 用于饮用水,解决了 1 亿多人的供水问题,即世界上 1/50 的人口靠海水淡化提供饮用水。全球有海水淡化厂 1.3 万多座,海水淡化作为淡水资源的替代与增量技术,愈来愈受到世界上许多沿海国家的重视;全球直接利用海水作为工业冷却水总量每年约 6 000 亿立方米替代了大量宝贵的淡水资源;全世界每年从海洋中提盐 5 000 万吨、镁及氧化镁 260 多万吨、溴 20 万吨等。

海水淡化唯一的不足就是需要大量能量,所以在不富裕的国家经济效益并不高。

海水种植

海水淡化很难，那可不可以用海水直接种植作物呢？答案是肯定的。

研究表明用适量海水种植的庄稼蔬菜有很高的营养保健价值，已成为健康新宠。以色列人最早学会了利用海水种植蔬菜。中国也已成功利用海水种植蔬菜。

这些用海水培植的蔬菜虽然长得跟普通蔬菜没什么两样，却比一般蔬菜有着更强的生存能力。这是因为科学家们在培育种苗的时候，就通过基因技术将耐盐基因加进了蔬菜中，经过反复试验，就有大家现在看到的耐盐蔬菜。现在已经有十几个品种的蔬菜能够完全在海水环境中生长了。

海蓬子

这些庄稼、蔬菜和水果主要有北美海蓬子、海芦笋、海英菜、红菊苣、蕃杏、橄榄、豌豆、蒲公英、花茎甘蓝、高粱、石榴等。既可当水果、蔬菜和粮食食用，也可脱水后用作食品配料，还可开发保健饮料和化妆品，是一种高档的有机食品。

这种耐盐蔬菜这对于一些盐碱地地区，也是一个好消息。以前这些地区要种植蔬菜，都要先改良土壤或者进行海水淡化，这样做成本都很高。现在让蔬菜来适应海水，成本就大大降低了。

原来，无论是动物还是植物，在很早的年代就生活在海洋里，它们本身就具有这种能够忍受高盐度的本领，尽管经过了很多亿年的演变，但它们根深蒂固的内在基因没有消失，通过一定的基因工程手段，就可以恢复它们在海水中生长的本性。

但是，我们吃的食盐主要是从海水中提取的。在提取盐的过程中，需要把那些对人体有害的元素排除掉。那么泡在海水里长大的蔬菜会不会对我们的健康有害呢？

科学家对海水蔬菜的营养成分作了全套的分析，发现它不含有有毒的成分，特别是一些有毒的重金属离子。因为海水蔬菜在生长过程中，自动把这些有毒物质过滤掉了。

更为绝妙的是，海水蔬菜所含的盐分属于有机矿物质，是人类获取矿物质的最好来源。

经检测，海水蔬菜除含有普通蔬菜所含的各类营养成分外，灰分、粗蛋白质、维生素 B_2、维生素 C、胡萝卜素含量比同种的普通蔬菜要高，其中胡萝卜素含量高出 40 倍，锌、硒等微量元素含量高出 2～6 倍。可以降低胆固醇、血脂，对高血压、糖尿病均有很好的疗效。

不仅如此，专家们还发现，用海水培植的蔬菜，它的维生素和蛋白质含量也比一般淡水植物高。以 β 胡萝卜素为例，我们常吃的芹菜是一种 β 胡萝卜素含量相当高的蔬菜，但它的胡萝卜素含量也远远低于这种海水种植蔬菜的四十分之一。

如果将来水稻、小麦、玉米、马铃薯等也能用海水浇灌呢？要知道，随着基因工程的进步，这一年迟早会来到。

海藻变生物燃料

生物燃料是指通过生物资源生产的燃料乙醇和生物柴油，可以替代由石油制取的汽油和柴油，是可再生能源开发利用的重要方向。受世界石油资源、价格、环保和全球气候变化的影响，20 世纪 70 年代以来，许多国家日益重视生物燃料的发展，并取得了显著的成效。中国的生物燃料发展也取得了很大的成绩，特别是以粮食为原料的燃料乙醇生产，已初步形成规模。

可是，生物燃料的原材料多数是粮食，而地球上很多地方还有无数的人在忍饥挨饿。因此，科学家们再次把目光投向了海洋。

与陆地植物一样，海藻中的碳水化合物可以用多种方式转化成燃料。海藻既可以通过热解来制造油料，也可以通过细菌发酵来生产乙醇，还可以通过厌氧消化来转化为甲烷。

海藻漂浮在水中，因而无需像陆地植物一样制造木质来对抗地球引力。而粗糙且难以降解的木质是将陆地生物燃料推向市场所面临的关键障碍之一。

研究人员表示，相比陆地植物，海藻则易于转化为燃料。只是野外采集的海藻存在可持续的问题，因此必须采取人工养殖。

与陆地植物一样，海带生长也需要充足的养分，人工养殖海带有助于防止海域中养分的流失。因此与其他海洋鱼类混养成为最好的选择。据计算,挪威的鲑鱼养殖场释放的养分足以养殖 900 万吨海带。

事实上,类似石油精炼的"生物炼制"是未来陆地和海洋生物燃料的发展趋势。由此制成的生物塑料、营养品、用于鱼类食物的蛋白质等都可能产生利润,而剩下的富含碳水化合物的生物质则可以制造乙醇或甲烷。

海藻的可种植面积几乎是无限的,能够为液体燃料产业做出巨大贡献。目前全球海带产量在 1 500 万吨左右,主要来自中国和日本。而每生产一桶乙醇约需 3.7 吨海带,利用欧洲 0.05％的沿海地区来养殖海带,可提供的乙醇数量相当于 2008 年全球产量的 4.7％。

海洋吸收二氧化碳

现在一个广为世人所知的担忧就是全球气温变暖,导致海平面上升,结果岛屿、海边和低处的城市被淹没,人类社会走向崩溃。难道人类就没有办法战胜温室效应吗？也不是完全没有。一个吸引人的想法是:加快碳离开大气进入到海洋的速度,将二氧化碳(主要的温室气体)在海洋里的浓度提高 0.5％,这样其在大气中的浓度将返回到未工业化时的水平。

具体怎么做呢?

一个大胆的想法是,使用铁给海洋施肥,造成浮游植物的超量繁殖,而浮游生物通过光合作用将大量吸收空气中的二氧化碳。一些实验室实验表明,每吨撒在海上的铁将从大气中吸收 3 万～11 万吨二氧化碳。

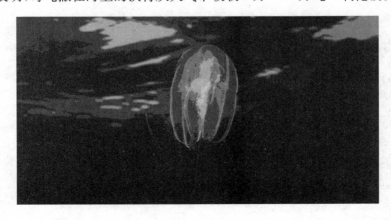

海洋浮游生物

几家高科技公司正在尝试将这一想法付诸实践，并因此通过出售碳债权而赚钱。然而一个问题是，被浮游生物吸收到海洋里的碳，在被其他的浮游生物吃掉并再循环进入大气之前，几乎没有多少能下沉到足够的深度。另一个缺点是，在很大程度上副作用是未知的，而且可能是恐怖的。

还有两种想法：

一种想法是捕获二氧化碳，并将其储存到海底之下。有科学家认为，总量几乎相当于美国 150 年排放的二氧化碳，可以被注入北美洲西部海域的 78 000 平方千米的海底岩石里。玄武岩和二氧化碳将相互反应，形成硅酸盐岩石，而覆盖在这一海域海底的沉积物层，将减少二氧化碳重返大气的机会。

另一种想法是使捕获的二氧化碳进入到深海海底表面，在那里压力和温度将使二氧化碳保持液态并与大气隔绝。然而，水流可能会比预计的更多地搅动二氧化碳，从而二氧化碳与上面的水反应，产生某种水合物。如果水合物被搅动，它也是不稳定的，很容易就把二氧化碳释放出来。另外它也可能在海底产生大量的二氧化碳，使边缘部分呈酸性。

所以，用海洋来存储二氧化碳的想法听上去很宏大，具体操作的时候却必须谨慎小心。

海洋发电

利用海洋来发电,有两种能量可以利用。

一种是风能。本质上讲,风能来自太阳,空气对流产生风。目前陆地上,越来越多的地方建设起风力发电站。在海上利用风能的优势是,它们可以占据未使用的无遮拦的空间,而且对风景的破坏比陆地上要小。但是风力是不确定的,有时可提供过多的电力,有时又过少。这需要建设相应的大型海上蓄电站。

第二种是波浪能。波浪能也是得自于太阳,经由风而产生。然而由于海洋的特殊性,能源业一直忽视它的存在。直到最近几年,科学家才开始研究如何利用它。目前有两种方案进入了实用阶段。

(一)潮汐发电站

至少就生产的连续性来说,一个更好的选择是潮汐能,其来源于太阳和月球的引力。几个潮汐工程像传统的水电方案那样在运转,在运转中潮汐水仅仅是冲过涡轮,比如在法国兰斯海湾的有 42 年之久的水坝。大多数其他的是利用水下风车的原理,水下风车的转子被潮汐所推动。

潮汐能的一个问题是维修水下设备比较困难,另一问题是要确保设备不被暴风雨卷走。而且,像所有的海洋能一样,潮汐能可能最容易出现在最不需要的地方——远离人口中心的地方,在那里与全国高压输电网连接上是很昂贵的。

某种潮汐发电站的设计示意图

另一个问题是,潮汐涨落是周期性的,不是每时每刻都在进行。因此,潮汐发电站也不会是一天 24 小时工作。

第三个问题是,只有潮汐落差达 5 米以上的地方才能兴建潮汐发电站。这样的地方在世界上并不特别多。

(二)海浪发电站

平均地说,每米海岸线可产生 30 千瓦的能量。如果沿着 50 千米的海岸线建设海浪发电站,就相对于建了一座大型核电站。据计算,如果充分开发海岸线上的海浪能,那可以提供世界所需能量的 15%。

离开海岸线,到达外海,则有无穷无尽的海浪可供使用。

2009 年,建在英国西南部的度假胜地——康沃尔半岛的圣艾夫斯湾的世界最大海浪能发电站投入运行。这座耗资达 2 800 万英镑发电站的设计装机容量为 20 兆瓦,发电量能满足 7 500 个家庭的电力需求,可在

25 年内减少 30 万吨二氧化碳排放。

俄罗斯的工程师们设计了一种廉价的、可以在生产及运行中使用的海浪发电站。这种电站是由一些在海面上的浮筒网组成的。这些浮筒被一些专门的锚固定在海底。当海浪涌动时,在浮筒网上固定的压缩机将空气进行挤压,被压缩了的空气沿着气压软管传递到岸边,而在岸边的发电机则将被压缩了的空气转化为电能。

根据设计,网状海浪发电站的部件是由轻质复合材料制作的。和那些在水中容易生锈的材料相比,这些材料既便宜又可靠。此外,因整个构造都是机动的,因此,在建设电站时,不需要在海底设置水泥基础,也不需要铺设电缆和管道。

此外,还有潮流发电站、海洋热力发电站和渗透发电站等方案。

美国电力研究协会研究发现,全美海洋发电潜力巨大,单单海浪发电就可以生产 100 亿瓦电力,占美国电力需求的 6.5%,与传统水力发电相当;而海浪、海上风能、潮汐发电可以满足全美 10% 的用电量。因此,每年将会有 4 000 万美元的经费投入到海洋发电的研究中。

我们相信,海洋发电的前途将一片光明。

海洋栖居

随着科技的进步和时代的发展，一个开发海洋的新时代已经来临。在开发海洋中，人们更有效地从海洋中取得更多财富。许多国家已经建立了海底田园和海底牧场，人们正在从过去单纯的海洋捕捞时代，逐渐过渡到"耕海"时代。人们在海底田园和海底牧场中，比在陆地上的农牧场中工作得更出色、更有效，因为同面积的单位产量，海洋养殖的产量要比陆地种植高出 100 倍。人们将大量养殖海藻和海草等，供应陆地上的牛、猪、羊等作饲料，从而获得更多的蛋白质。世界海底田园的总产量从 2 000 万吨跃增到 5 000 万吨，大量的海藻、海草等也将由水下联合收割机来割取。

将来，地球上会出现人类的第二个家园——完全利用海洋资源的海底城市。

日本一群工程师、建筑师，已经在离东京 120 千米的海域上，建设世界首座"海洋城"。海洋城内除了住宅区外，还有 1 个商业中心，400 个网球场，8 个高尔夫球场，2 个棒球场，1 个栽种水果蔬菜的人工田，还有纵横相连的道路。此时，深邃的海底不再沉默，将会跟大陆一样，变得热闹非凡。

海洋可以实现人们建立各种梦想城市的愿望，从自给自足的乌托邦式城市，到超现代倒立式"摩天大楼"和博物馆。以下列出的 12 个水下之城,其中有人类真实的设计,也有一些科幻作品,但都有可能变成现实。

(一)"海底生物圈2号"

想象一座完全可以自给自足的城市,能根据需要前往任何一个地方——从漂在海面上到潜入海底。"海底生物圈2号"是一个水下城市概念,由八个生活、工作与农场生物群落围绕一个大型生物群落而建,后者有维持整座城市运转的所有必备设施。从理论上讲,只要充足的补给和准确的消息,"海底生物圈2号"可以承受从飓风到核战争等各种灾难。

(二)漂浮的摩天大楼——"旋转城"

从技术上讲,"旋转城"不是漂浮的摩天大楼,更像是"海底刮刀"。不同于我们熟悉的摩天大楼高耸入云,"旋转城"是从一个浮动平台下降至海面 400 米处。这个浮动平台有四个"臂膀",为整座城市提供浮力,为大型船只提供停靠的港湾。"旋转城"由太阳能、风能和波能等可再生能源驱动,能够容纳一个研究站和一个拥有商店、餐厅、花园、公园和娱乐设施的度假村。

（三）澳大利亚海洋城"Syph"

建设有些水下城市不是为了让其像可以下沉的现代化大都市,而是为了成为海洋生态系统的一部分。澳大利亚以水母为灵感打造的海洋城"Syph"不是"建筑物",而是"生物",每个"生物"都有特定任务,比如制造食物或为居民提供住所。

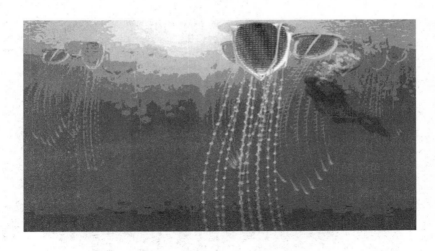

（四）"水下家园"

无论是否将来更多的人因好奇或者生存需要必须在海底生活，并不是每个人都渴望挤进人口众多的水下摩天大楼或住宅群。有些财大气粗、喜欢奢侈品的人可能会选择类似于现代游艇的半潜式寓所。圆形Trilobis 65"水下家园"有一个观景台，可以提供360度视野。

（五）阿姆斯特丹水下"未来城"

阿姆斯特丹长期以来面临人口激增和用地短缺的问题，如果全球气候变暖导致海平面上升,这一问题会变得更加尖锐。许多超前意识的建筑师提出为阿姆斯特丹打造一座"漂浮的未来城",这样的概念也会有一些水下城的功能。

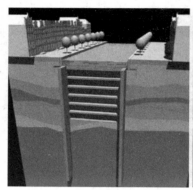

(六)能够自给自足的漂浮"水中刮刀"

"水中刮刀"就像"旋转城"与澳大利亚"Syph"海洋城的综合体,是一个水下倒立式摩天大楼,同时还运用了一些奇特的仿生学技术。来自马来西亚的设计师萨利阿德雷说:"其生物发光触角为海洋动物群提供了生活和聚集之地,同时又能通过运动收集能量。"

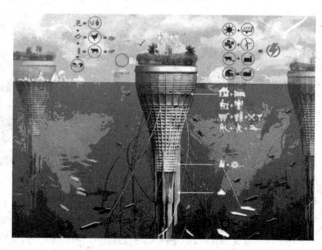

(七)迪拜七星级水下酒店 Hydropolis

在不远的将来,在阿联酋的迪拜将出现一座史无前的建筑——位于水下的豪华饭店。据悉,这座名为 Hydropolis 的豪华饭店将由三部分组成:地面站——用于接待顾客;隧道——所有人员和物资将从这里抵达饭店的主体部分;饭店主体——总共拥有 220 个房间。除此之外,Hydropolis 还将成为世界上规模最大的建筑之一:其总占地面积为 260 公顷,与英国伦敦的海德公园相当。酒店的设计师表示:"Hydropolis 并不是一个单纯的规划,它是一件充满激情的建筑。饭店位于海面下 20 米的地方,总造价约 5.5 亿欧元。"

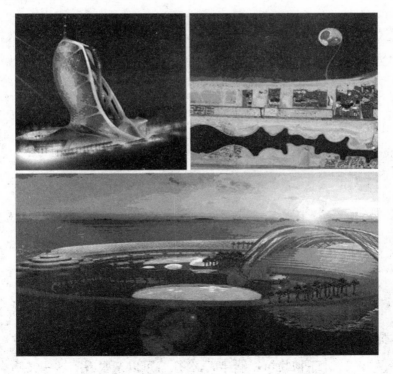

(八)"海神"水下度假村

"海神"水下度假村占地 2 000 多万平方米,坐落于斐济泻湖水下,游客需通过电梯进入该度假村。度假村共设有3种类型的住宿环境:带私人海滩的陆地式公寓、水上公寓和位于太平洋海底的水下公寓,旅客可以在逗留的过程中体验各种住宿环境。其住宿单位包括24座景观套房,48套别墅和1个位于水下12米的奢华公寓。每套公寓都有一张双人床和巨型窗户,游客可以通过一个特殊的遥控器改变公寓的内设以欣赏到壮丽的景色。所有的游客都可以使用潜艇或通过一个特殊的隧道进入度假村的餐厅、酒吧和Spa水疗室。度假村共提供6个餐厅和7间酒吧,其拥有世界上最大最优雅的海底餐厅,度假村还为客人提供了水下休息区、剧场区、会议室、礼堂、9洞式高尔夫球场、网球场、游泳池和健身俱乐部。不过,入住价格不菲,两人平均每周的花费高达3万美元。

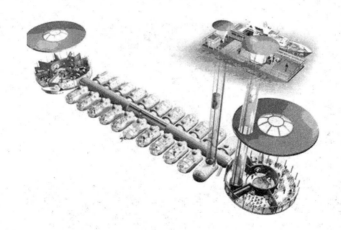

(九)亚历山大港水下博物馆

很少有人见过沉入地中海的亚历山大古城遗址。20世纪90年代,潜水员发现了亚历山大古城的珍贵文物,其中包括26个狮身人面像。如果世界第一个水下博物馆能够建成,公众就可以亲眼看到这些文物。按照设计,这个半潜式博物馆由四个船帆形状的结构组成,每个代表罗盘上的位置,将使亚历山大古城遗址可以遵照联合国教科文组织有关保护水下遗产的规定得到妥善保护。一个研究小组目前仍在尝试如何在不破坏这些珍贵文物的情况下建设水下博物馆。

越来越多的人将去发掘海洋、建设海洋，用自己的智慧和双手去描绘这张硕大无比的宏伟蓝图。海洋向人们展示了其辉煌的前景，广袤的海洋将为人类作出巨大的奉献。

中国与海洋

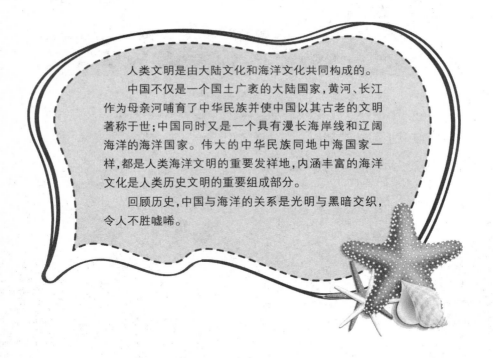

人类文明是由大陆文化和海洋文化共同构成的。

中国不仅是一个国土广袤的大陆国家,黄河、长江作为母亲河哺育了中华民族并使中国以其古老的文明著称于世;中国同时又是一个具有漫长海岸线和辽阔海洋的海洋国家。伟大的中华民族同地中海国家一样,都是人类海洋文明的重要发祥地,内涵丰富的海洋文化是人类历史文明的重要组成部分。

回顾历史,中国与海洋的关系是光明与黑暗交织,令人不胜嘘唏。

中国与海洋的历史（光明篇）

中华民族不仅在7 000年之前就创造了辉煌的航海历史，而且在频繁而漫长的航海中，把最早的人类文明、古代文化和科学技术带到了美洲和世界各地。

这是由世界各地先后出土和发掘的大量的历代文物及世界各国各领域的专家学者对历代古文献资料的研究（包括多次有关中国海洋文化的国际学术研讨会）所达成的共识。

在我国浙江余姚县的河姆渡遗址，出土了五支木桨。其中一支残长为62.4厘米，残宽为10.8厘米；另一支残长为92厘米，残宽9厘米。经碳14测定，五支木桨距今7 000年左右，属母系氏族社会遗物。同层出土的还有近百种动植物和带有榫卯和企口板结构的房屋建筑所用的木料遗存，还有炭化稻粒等。值得特别注意的是，在出土木桨的桨柄与桨叶结合处，刻有弦纹和斜线纹图饰。由此证明，如此雕工精细的木桨，决不是最原始的，当有一个漫长的发展和演化过程。那么原始木桨的出现，应当更早一些，可能在8 000年前左右。

谁是舟船的发明者，这在古代浩繁的典籍中，说法不一。

《山海经·海内经》中说，番（凡）禺始作舟。《墨子》说，是巧垂。《吕氏春秋》却说是舜的臣子虞姁（于许）。《发蒙记》中又说是舜的另一个臣子伯益。《世本》中又说，是黄帝的两个臣子共鼓、货狄。《易经·系辞下》

说"舟楫之利,以济不通",说黄帝"剖木为舟,剡木为楫,以济不通,致远以利天下"。

但不管怎么说,无论是谁发明的,是怎样一种说法,它都是古代劳动人民勤劳和智慧的结晶。独木舟的出现,直观地说明了古代中国人民在舟船科技与海洋文化方面非凡的发明和创造力;它扩大了人类的生存空间,同时也揭开了人类水运历史的序幕、揭开了舟船文化和海洋文化的序幕。

整个中国古代与海洋的关系在郑和下西洋时达到了巅峰。

1405 年 7 月 11 日(明永乐三年)明成祖朱棣命令"三宝太监"郑和率领庞大的 240 多艘海船、27 400 名船员组成的船队远航,访问了 30 多个在西太平洋和印度洋的国家和地区,加深了中国同东南亚、东非的友好关系。

郑和下西洋每次都由苏州刘家港出发,一直到 1433 年(明宣德八年),他一共远航了七次之多。最后一次,郑和在回程到达古里时,在船上因病过世。

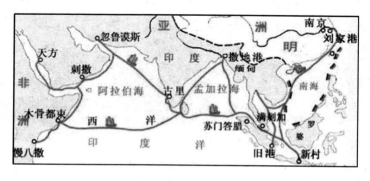

郑和下西洋路线图

郑和下西洋的船队是一支规模庞大的船队,完全是按照海上航行和军事组织进行编成的,在当时世界上堪称一支实力雄厚的海上机动编队。

在郑和下西洋的船队中,有五种类型的船舶。第一种类型叫"宝船"。最大的宝船长四十四丈四尺,宽十八丈,载重八百吨。这种船可容纳上千人(精确数为八百人),是当时世界上最大的船只。它的体式巍然,巨无匹敌。它的铁舵,须要两三百人才能举动。第二种叫"马船"。马船长三十七丈,宽十五丈。第三种叫"粮船"。它长二十八丈,宽十二丈。第四种叫"坐船",长二十四丈,宽九丈四尺。第五种叫"战船",长十八丈,宽六丈八尺。可见,郑和所率领船队的船只,有的用于载货,有的用于运粮,有的用于作战,有的用于居住。分工细致,种类较多。

很多外国学者称郑和船队是特混舰队,郑和是海军司令或海军统帅。英国的李约瑟博士在全面分析了这一时期的世界历史之后,得出了这样的结论:"明代海军在历史上可能比任何亚洲国家都出色,甚至同时代的任何欧洲国家,以致所有欧洲国家联合起来,可以说都无法与明代海军匹敌。"

郑和下西洋的历史意义非常明显。郑和下西洋体现了中华民族热爱和平、睦邻友好、自强不息的中华民族优良传统,展示了明朝前期中国国力的强盛,加强了中国明朝政府与海外各国的联系。它也是中国古代历史上最后一件世界性的盛举。

当时很少有人想到,巅峰过后就是近乎无止境的下坡路。

中国与海洋的历史（黑暗篇）

为什么郑和下西洋之后再无类似的壮举呢？我们现在甚至找不到郑和下西洋的更多资料，以至于很多学者怀疑郑和下西洋的规模远没有史书记载的大，当时的中国根本造不出"宝船"那么大的船。具体的原因如下：

据《殊域周咨录》记载，郑和下西洋的档案《郑和出使水程》原存兵部。明朝宪宗成化年间，皇上下诏命兵部查郑和的旧档案，兵部尚书项忠派官员查了三天都查不到，原来已经被车驾郎中刘大夏事先藏起来了。项忠追问，库中档案怎么能够失去？当时在场的刘大夏辩驳说："三保下西洋，费钱几十万，军民死者万计，就算取得珍宝有什么益处？旧档案虽在，也当销毁，怎么还来追问？"

《郑和出使水程》应当包括大量原始资料，如皇帝敕书、郑和船队的编制、名单、航海日志、账目等。大批郑和档案的失踪，给后世的郑和研究带来很大的困难和限制。

刘大夏做了这样的事情甚至没有受到相应的惩罚。因为刘大夏的说法代表了当时朝廷里很大一批人的想法。那些长期浸淫在儒家学说里的官员和文人，只在意眼前，看不到海洋和海洋的重要性。他们不但销毁了郑和下西洋的所有档案，还把萌芽于元朝的禁海令发扬光大。

真正的禁海实际上是从明朝开始的。所谓明朝禁海，是指政府禁阻私人出洋从事海外贸易的政策,始于明初,后来虽时张时弛,但直至明末,未曾撤销过。

明太祖朱元璋出于政治上的需要,除允许部分国家或部族通过"朝贡"的方式进行贸易外,其他私人海外贸易一律禁止。正德年间,"倭寇之患"开始猖狂。嘉靖元年,给事中(明朝官职)夏言建议"罢市舶,厉行海禁"。朝廷接受建议,断绝海上交通。

明朝实行的严厉海禁政策,特别是正德、嘉靖年间禁止所有的对外贸易,实际是闭关主义的表现形式。它阻碍了中国与邻近国家的商品交流和国内工商业的发展。隆庆初,曾一度开放海禁,"准贩东、西二杨洋",以征收商税,财政收入有所增加。

明朝的禁海令并没有想象中的厉害,因为当时明朝政府常常令不行禁不止。真正将禁海政策发展到巅峰的是清朝。清朝禁海,除了"我天朝无所不有,焉用外求"的传统自大思想外,主要还是还为了对付逃到海上的明朝残留抗清力量。

顺治十二年(1655年)颁布禁海令,规定"寸板不得下海",违者按通敌罪论处。顺治十八年、康熙元年(1662年)和十七年,又三次颁布迁海令,强制将福建、广东、浙江、江苏、山东、河北6省沿海及各岛屿的居民内迁30～50里,在沿海一带形成一个无人区,越界立斩,致使海外贸易遭到彻底禁绝。其目的就是利用这样一个隔离带来彻底隔断台湾郑氏集团与大陆的经济联系,使其既不能与大陆进行贸易活动,获取大陆的商品和军用物资,又无法向沿海居民征收粮饷从而在经济上完全陷入困境。

根据资料记载,清军奉诏迁界,到处摧城焚居,烧杀掳掠,逼逐沿海人民抛舍世世代代繁衍生息的家园而入内地。仅闽南一带沿海,数万数十万人民因此项政策遭到灭绝人性的掳杀。

康熙二十二年(1684年)收复台湾以后,开始解除海禁,允许出洋贸易。但康熙五十六年(1717年)再颁禁海令,停止与南洋的贸易,并严禁卖船给外国和运粮出口;违者,造船人与卖船人皆立斩。如出洋人留在外国,要将知情同去人枷号三个月,并行文外国,将其解回立斩。外国的商船也需由地方官员严加防范。

禁海令的恶果很快就到来了,谁也没有料到这个恶果如此可怕。

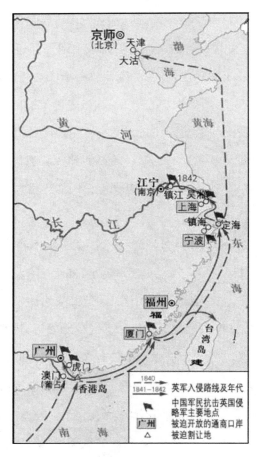

鸦片战争形势图

1840 年，为了打开对清王朝贸易的大门，英法组成联军，千里迢迢来到中国。这便是赫赫有名的"第一次鸦片战争"。战争结果清晰明了，写在《南京条约》上。历史书上都写得明明白白。然而，你知道所谓英法联军一共多少人吗？告诉你，只有两万人。在前后两年的战争中，英法联军死伤了多少人呢？523 人。与此相对的，大清帝国兵力 91 680 人，伤亡22 790 人。

那之后，外国列强只要在海上来几艘战舰，架上几门大炮，就能够取得整场战争的胜利。第二次鸦片战争和中法战争均是如此。大清帝国亡羊补牢般拼凑成了北洋舰队，却在一夜之间输在了中日甲午海战。然后就是八国联军入侵，有点儿实力的国家不论大小都扑到中国身上撕咬。

耻辱啊，这就是失去海洋的结果。

事实上，禁海令使中国没有海疆，也就没有了纵深的海防，还使中国人没有海权意识。更重要的是，以行政命令实施的禁海令体现的是中国人从骨子里的闭关自守的心态。

后世的我们可以畅想：如果没有禁海令，我们的商船队会走遍各大海洋，带来海洋国土的观念，带来远洋之外的财富。我们的舰队，会在西方人大批闯入东南亚之前，依靠当地的华人和土著，筑起我国的外海防线。西方人就丧失了进攻我国的跳板。一切都可能改写。

可惜一切都毁于闭关锁国的保守观念。这种观念至今还在影响着我们。禁海令的危害至今还在。我们的海军还不是能进行远洋作战的蓝水海军，仍然是只能在家门口作战的黄水海军。我们的舰队仍然受制于第一岛链内。中国不能不面对开放的大洋，中国再也不能乌龟式地封边禁海，闭关锁疆。

海疆·海权·海防

(一)海疆

上过学的中国人都知道,中国国土面积是 960 万平方千米,居世界第三。然而,这里所说的 960 万平方千米只包括陆地,而不包括海疆。每一个中国人都应该知道,中国有 18 000 千米海岸线、6 500 余个岛屿与14 000千米的岛岸线,还有应归中国管辖的近 300 万平方千米的海洋国土。

根据 1982 年《联合国海洋法公约》的规定,整个海洋可划分为内水、领海、群岛水域、毗连区、专属经济区、大陆架、公海和国际海底区域等海域。其中,领海和内水属于国家领土的范围,而毗连区、专属经济区和大陆架则组成国家管辖区域。

中国主张 12 海里领海权,即领海的宽度从领海基线量起为 12 海里,12 海里外就不是中国领海。

平时常说的 300 多万是指专属经济区和大陆架的面积。

专属经济区,为领海以外并邻接领海的区域,从测算领海宽度的基线量起延至 200 海里。

大陆架,为领海以外依本国陆地领土的全部自然延伸,扩展到大陆边外缘的海底区域的海床和底土;如果从测算领海宽度的基线量起至大陆边外缘的距离不足 200 海里,则扩展至 200 海里。

沿大陆海岸线,从南向北,中国有四大海:

南海,面积约为 350 万平方千米。

东海,面积约为 77 万多平方千米。

黄海,面积约为 38 万平方千米。

渤海,面积约为 7.7 万平方千米。

有一句话请大家务必记住:中国虽大,但没有一寸是多余的。

(二)海权

海权,一直是一个大国得以强大发展的重要保证。

海权是国家综合实力的体现,它属于权利政治的范畴。所谓"海权握,国则兴;海权无,国则衰。"正是对海权在综合实力上所有的作用的印证,也无疑适用在各个时代的国家发展中。

海洋是中国实现经济社会可持续发展的重要保证。首先,海洋为国家的发展提供了足够的空间,而海洋本身就蕴藏着丰富的资源;其次,海洋为国际贸易提供了桥梁和纽带,其广阔的海面为各国进行海外贸易提供了便利的交通;再次,拥有海权意味着拥有无可匹敌的安全优势,海洋作为一个国家的天然保护屏障,为国家安全带来了优势。

当前,中国积极发展着"外向型经济",而国际海权竞争又出现了新的特点和新的趋势——海权在各国安全战略中的地位显著提升;各国在海洋的争夺焦点向公海及国际海底区扩展(各国纷纷加紧对海底资源的争夺,不断加大对深海考察和资源开发;不断强化对极地的战略争夺;将大片公海圈占为本国专属经济区,如日本在国内地图上的冲之岛礁及其周边海域);国际海洋规约体系严重缺失成激化竞争的诱因(联合国颁布海洋公约;各国使用专属经济区的权限没有明确界定,引发国际争端;公海的使用与保护不全面);国际海洋秩序面临深刻调整,各国在海洋问题上的合作、斗争更趋复杂与激烈。

在国际海权竞争出现新变化的当前,中国的安全利益也有了新的隐患。第一,中国传统海域频遭周边国家染指,越南侵占南沙群岛、中日在钓鱼岛问题上存在争议;第二,域外大国加紧插手中国周边海洋事务,美国推进海军力量东移、英法在南海建油田;第三,海上通道安全面临严峻考验,中国80%以上的外贸需经海上运输,逾90%的进口石油需走海路;第四,台海两岸分治影响海上安全维护与海权拓展;第五,绕公海及国际海底区域的无序争夺损害中国正当海洋权益。

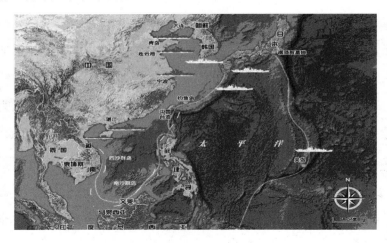

当代中国海防态势图

面对当前呼唤海权的时代,中国积极构建体现时代特征的中国海洋大战略——从战略高度认识海洋的重要性,加快构建新时期中国海洋战略;建立健全统一、高效的现代海洋管理机制;推进海上国际合作,加大与国际海洋组织交流;强化全民海洋意识,加强海洋资源利用,保障发展安全;充实海上力量,打造综合防护体系。

从一定意义上讲,海权就是国家安全,其物质基础是海上力量,海上力量的核心是海军。所以,中国要加强海军队伍建设,增强本国的海上力量,维护好国家安全。

(三)海防

海防是指在国家领海,为防备和抵抗侵略,制止武装颠覆,保卫国家的主权、统一、领土完整和安全所进行的军事活动。

在我国,按照 1997 年 3 月全国人民代表大会通过的《中华人民共和国国防法》,国家的领海神圣不可侵犯。国家加强海防建设,采取有效的防卫和管理措施,保卫领海的安全,维护国家权益。该法规定:"中央军事委员会统一领导边防、海防和空防的防卫工作。"

中国人民解放军海军(PLAN)是中华人民共和国的海上武装力量,是中国人民解放军的战略军种,是海上作战行动的主体力量,担负着保卫中国海上安全、领海主权和维护海洋权益等任务。

海军现役兵力共 23.62 万人,占解放军总人数的 10%。其中包括海军航空兵 2.5 万人,海军岸防部队 2.5 万人,海军陆战队 4 万人。共分为五大兵种:水面舰艇部队、潜艇部队、航空兵、岸防兵和陆战队。水面舰艇部队编有战斗舰艇部队和勤务舰船部队。

中国海军舰队

中国人民海军分为三大舰队:

北海舰队——中国海军唯一拥有核动力弹道导弹潜艇的队伍。司令部设于山东省青岛市。下辖青岛（辖威海、胶南水警区）、旅顺基地（辖大连、营口水警区）、葫芦岛基地（辖秦皇岛、天津水警区）。其中葫芦岛基地为核潜艇母港。

东海舰队——负责防卫中国东海水域的安全。司令部设在浙江宁波。下辖上海基地（辖连云港、吴淞水警区）、舟山基地（辖定海、温州水警区）、福建基地（辖宁德、厦门水警区）。

南海舰队——负责防卫南中国海水域，特别是南海诸岛的安全。司令部设在广东湛江。下辖湛江基地（辖湛江、北海水警区）、广州基地（辖黄埔、汕头水警区）、榆林基地（辖海口、西沙水警区）。

总体上讲，无论是战舰的吨位、数量，还是火力的覆盖面和杀伤力，甚或是远洋作战的补给与生存能力，中国人民解放军海军都还只是黄水军队，只能在离海岸线不远的地方，依托陆地上岸防火力支持，进行海上作战。离到公海上与地方舰队进行决一死战，甚至到别人的海岸边进行武力威慑的距离，还非常遥远。2012年，中国"辽宁号"航空母舰交付海军使用，歼—15"飞鲨"舰载机在航空母舰上成功着陆并起飞，是这努力的一个注脚。

2013年，国务院进行机构改革，其中一条是为推进海上统一执法，提高执法效能，重新组建国家海洋局。新组建的国家海洋局将下设海警局，整合原国家海洋局及其海监、公安部边防海警、农业部中国渔政、海关总署海上缉私警察的队伍和职责，改变我国海洋维权执法"九龙治海"的局面，使海上执法力量形成合力。这是中国在"海洋强国"战略中的一项重要顶层设计，意在更好地推动发展海洋经济，维护海洋权益。海洋局由此成为我国海防的重要组成力量。

岛链——针对中国的战略包围

所谓"岛链"，它既有地理上的含义，又有政治军事上的内容。20世纪50年代美国国务卿杜勒斯提出岛链战略，其用意是围堵亚洲大陆，对亚洲大陆各国主要是中国形成战略威慑之势。其实质就是要把中国的势力困死在中国大陆上。

"第一岛链"——北起日本列岛、琉球群岛，中接台湾岛，南至菲律宾、大巽他群岛的链形岛屿带。这里最关键的是台湾岛。它位于"第一岛链"的中间，具有极特殊的战略地位，掌握了台湾岛就能有效地扼控东海与南海间的咽喉战略通道，也有了通往"第二岛链"内海域的有利航道及走向远洋的便捷之路。

"第二岛链"——北起日本列岛，经小笠原群岛、硫黄群岛、马里亚纳群岛、雅浦群岛、帕琉群岛，延至哈马黑拉马等岛群。以关岛为中心，由驻扎在澳大利亚、新西兰等国的基地群组成，它是一线亚太美军和日韩等国的后方依托，又是美军重要的前进基地。

"第三岛链"——进入21世纪后，美国开始在亚洲战略部署的重点是建设一条"太平洋锁链"，而它所要围困的主要目标就是中国。这条锁链是以太平洋上的第一岛链为基础，东起靠近北极的阿留申群岛，日本列岛、韩国是这条锁链的中心，而台湾岛和关岛则是中轴，其一直延伸至东南亚中南半岛的新加坡、菲律宾群岛及印度尼西亚等。

从国家安全角度看,现代高科技战争的攻击方式是非接触、非对称的,在 1 000 千米乃至 2 000 千米之外就能发起精确打击。"第一岛链"距离我国大陆的纵深基本上都在 200 海里之内。对于战争而言,这个距离在中远程火力的攻击范围之内。"第一岛链"的存在,缩小了我国海上方向的防御纵深。

从祖国统一大业的角度看,能否掌握"第一岛链"内战略制海权、"第二岛链"内关键海域战役制海权对我军的军事战略起很大的作用。前者的目的在于保障我军跨海渡岛作战的顺利实施;后者在于威慑和阻止国外军事干预。

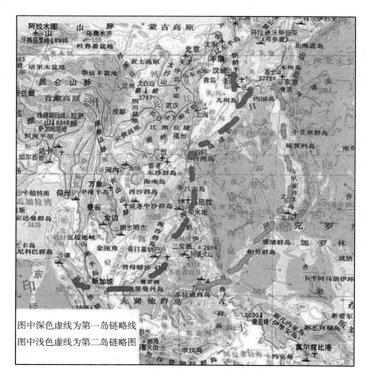

图中深色虚线为第一岛链略线
图中浅色虚线为第二岛链略图

亚洲大陆外"岛链"示意图

中国最年轻的市——三沙市

2012年6月21日,民政部发布公告,宣布国务院批准撤销海南省西沙群岛、南沙群岛、中沙群岛办事处,设立地级"三沙市",下辖西沙、南沙、中沙诸群岛及海域。设立地级三沙市是我国对海南省西沙群岛、南沙群岛、中沙群岛的岛礁及其海域行政管理体制的调整和完善。

三沙市的设立,标志着中国继浙江省舟山市之后,出现了第二个以群岛为行政区划设立的地级市。三沙市涉及岛屿面积13平方千米,海域面积260多万平方千米,是中国陆地面积最小、总面积最大、人口最少的城市。它下辖南沙群岛暗沙组的曾母暗沙、立地暗沙、八仙暗沙及其海域,也是中国地理纬度位置最南端的市。

三沙市的设立也意味着中国在对南海各大群岛、岛礁有关领海的控制迈出了重要一步,标志着中国对南海及其附属岛屿、岛礁及有关领海的控制有了更为有利的法理依据;更重要的是,三沙市的设立不仅使国家维护南海固有领土主权的阵线向南疆前移,而且有如宝镇南溟,国志弥坚。诗人阵志岁《三沙市》诗云:"古国神疆在,先民事迹多。宣威南海上,万里镇尘波。"(《载敬堂集·江南靖士诗稿》)

2012年7月24日,地级三沙市正式挂牌成立。

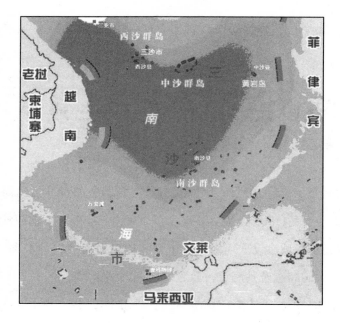

三沙市地图

三沙市政府所在地是永兴岛,面积 2.3 平方千米,是南海诸岛中面积最大的岛屿,也是三沙市军事、经济及文化中心。其地势平坦,高出海面约 5 米,最高处 8.5 米,岛西南有长约 870 米、宽约 100 米的沙堤。岛上热带植物茂盛,林木遍布,主要有麻风桐、椰子树、羊角树等。岛上先后建有办公楼、邮电局、银行、商店、气象台、海洋站、水产站、仓库、发电站、医院等生产和生活设施。岛上还建有环岛公路、2 400 米跑道可起降波音 737 客机的机场、可停靠 5 000 吨级船只的码头,有班机、轮船通海南岛。

南沙群岛——位于中国南疆的最南端,是南海诸岛中岛礁最多,散布范围最广的一椭圆形珊瑚礁群。位于北纬 3°40′至 11°55′,东经 109°33′至 117°50′。北起雄南滩,南至曾母暗沙,东至海里马滩,西到万安滩,南北长 500 多海里,东西宽 400 多海里,水域面积约 82 万平方海里,约占中国南海传统海域面积的五分之二。南沙群岛由 230 多个岛、洲、礁、沙、滩组成,但露出海面的约占五分之一,其中有 11 个岛屿、5 个沙洲、20 个礁是露出水面的。

南沙群岛战略地位十分重要,处于越南金兰湾和菲律宾苏比克湾两大海军基地之间,扼太平洋至印度洋海上交通要冲,为东亚通往南亚、中东、非洲、欧洲必经的国际重要航道,也是我国对外开放的重要通道和南疆安全的重要屏障。在我国通往国外的 39 条航线中,有 21 条通过南沙群岛海域,60%外贸运输从南沙群岛经过。

南沙群岛属热带海洋性季风气候,月平均温度 25℃~29℃,雨量充沛。岛上灌木繁茂,海鸟群集,盛产鸟粪,两栖生物丰富,水产种类繁多,是我国海洋渔业最大的热带渔场,有浮藻植物 155 种,浮游动物 200 多种,贝壳 66 种。海域蕴藏着丰富的矿藏资源,有石油和天然气、铁、铜、锰、磷等多种。其中油气资源尤为丰富,地质储量约为 350 亿吨,有"第二个波斯湾"之称,主要分布在曾母暗沙、万安西和北乐滩等十几个盆地,总面积约 41 万平方千米,仅曾母暗沙盆地的油气质储量有 126 亿~137 亿吨。

西沙群岛——位于南海的西北部,海南岛东南面 310 千米处,主体部分处于北纬 15°40′~17°10′、东经 110°~113°。西沙群岛珊瑚礁林立,在中国南海诸岛中拥有岛屿最多,岛屿面积最大(永兴岛),海拔最高(石岛),为唯一胶结成岩的岩石岛(石岛为晚更新世沙丘岩)和唯一非生物成因岛屿(高尖石),且陆地总面积最大(8 平方千米多)。

大致以东经 112°为界,西沙群岛分为东、西两群,西群为永乐群岛,东群为宣德群岛。西群的永乐群岛包括北礁、永乐环礁、玉琢礁、华光礁、盘石屿等 5 座环礁和中建岛台礁,其中永乐环礁上发育有金银岛、筐仔沙洲、甘泉岛、珊瑚岛、全富岛、鸭公岛、银屿、银屿仔、咸舍屿、石屿、晋卿岛、琛航岛和广金岛等 13 个小岛,盘石屿环礁和中建岛台礁的礁坪上各有 1 座小岛。东群的宣德群岛包括宣德环礁、东岛环礁、浪花礁等 3 座环礁和 1 座暗礁(篙煮滩),其中宣德环礁有西沙洲、赵述岛、北岛、中岛、南岛、北沙洲、中沙洲、南沙洲、东新沙洲、西新沙洲、永兴岛和石岛等 12 个小岛,东岛环礁有东岛和高尖石 2 个小岛。

西沙洲　　　　　　　　　　华光礁

西沙群岛上栖息着鸟类 40 多种,常见的有鲣鸟、乌燕鸥、黑枕燕鸥、大凤头燕鸥和暗缘乡眼等。西沙群岛也是我国主要热带渔场,那里有珊瑚鱼类和大洋性鱼类 400 余种,是捕捞金枪鱼、马鲛鱼、红鱼、鲣鱼、飞鱼、鲨鱼、石斑鱼的重要渔场。海产品主要有海龟、海参、珍珠、贝类、鲍鱼、渔藻等几十种。比较名贵的有海龟之王的棱皮龟,海参之王的梅花参,世界最著名的珍珠——南珠、宝贝、麒麟等十几种。

中沙群岛——是中国南海诸岛四大群岛中位置居中的群岛。西距西沙群岛的永兴岛约 200 千米。它的主要部分由隐没在水中的 3 座暗沙、滩、礁、岛组成。长约 140 千米(不包括黄岩岛),宽约 60 千米,从东北向西南延伸,略呈椭圆形。包括南海海盆西侧的中沙大环礁、北侧的神狐暗沙、一统暗沙及耸立在深海盆上的宪法暗沙、中南暗沙、黄岩岛等一些暗沙。中沙大环礁是南海诸岛中最大的环礁,全为海水淹没,水深经常是9～26米。大环礁东侧是深而大的地壳断裂带,陆壳和洋壳接触处以51°～58°陡坡下降到4 000米海盆上。大环礁南部与南沙群岛的双子群礁间海域,是南海最深处(－5 559米)。

中沙群岛附近海域营养盐分丰富,是南海重要渔场。盛产金带梅鲷、旗鱼、箭鱼、金枪鱼等多种水产。珊瑚礁的生物量也较高,形成五光十色的"海底花园"。中沙群岛海水清净,海温25℃～28℃,最适合各类海产繁殖生长。因此,中沙群岛渔场素以出产海参、龙虾、砗磲等珍贵海产品而著名,且产量极高,每逢1～4月,海面风浪不兴,海温趋高,海水清澈之时,渔民们几艘、几十艘渔船成群结队前往中沙群岛生产,主要是垂钓名贵鱼类和捕捞海参、龙虾等。

中沙群岛是重要的渔业开发生产基地,其自然条件优越,各种生物可终年生长。另外,该海域属于特殊的珊瑚礁生态系统区,生态环境复杂多样,物种资源丰富,为优质水生生物的索饵、繁育、避害等活动提供良好的环境条件。

未来的三沙市的海域范围将逾200万平方千米,大约相当于全中国陆地面积(960万平方千米)的四分之一。但需要指出的是,目前,南沙群岛、中沙群岛和西沙群岛很多岛屿和礁盘都被越南、菲律宾、马来西亚等国实际占领。三沙市想要实际履行职权,任重而道远。

海洋资源争夺正当时

以前，对海洋的合法控制实际上限于离海岸 200 英里之内，但这种情况已经改变。根据 1982 年的联合国海洋公约，如果各国可以证明他们的大陆架延伸超过 200 英里，那么准许他们的权限超过这一数字。只要各国能够提供必要的科学数据，并且这个新增权限的边缘离开海洋深度2.5千米的位置向岸方向至少 100 千米，那么将授权他们拥有在海底上下达350 千米范围的自然资源。

这种模糊的公约导致了极为激烈的争论。

总共约 1 500 万平方千米处于被争夺的危险中。这个面积差不多是 19 世纪在非洲被争夺面积的一半，而且一些大的索求已经被提出：加拿大在寻求 170 万平方千米，澳大利亚索要 250 万。然而，很多坚持要获得最大的相关面积的国家，是一些小而穷的国家，如巴巴多斯、毛里求斯和塞舌尔。在 8 个太平洋岛国中，斐济、帕劳和汤加正在索要总共 150 万平方千米的面积。

大约 80 个希望申请成功的国家，不是为了新的捕鱼权，他们的主要目标是矿产。很多人多年来都认为海底铺满黄金。

采矿经济已经发生了变化。尽管工业商品最近降价，但是比 20 世纪70 年代要高得多，而且技术已经进步，这意味着开采锰结核和最近发现的其他矿物可能变得有利可图。某些国家肯定希望如此。前 5 年里，中国、法国、德国、印度、日本、俄国、韩国和东欧的某一财团已经被国际海底管理局授权许可,勘探在深海底采矿的可能性。

海底采矿业有自己的目的,但也正为转向更深的水域而烦恼,特别是北极地区。气温升高和冰的融化使北极开采变得较为容易一些。美国政府的科学家认为,900亿桶的石油和巨大储量的天然气仍存在于北极之下,他们认为这些储量的大约85%是在近海。

对北极石油的算计飞速加快。加拿大正在北极建立一个整年的陆海空全方位勘测基地。丹麦正在试图证明,从水下的罗蒙诺索夫海脊分出的一部分,是丹麦领土格陵兰岛的延伸。俄国通过派遣一艘潜艇在北极水下大约4千米处安置一面耐腐蚀的钛制旗子,表明其所有权。

贪婪不止于金属和石油。

没有哪一个国家会停止争夺。这关系到各个国家的前途。太多深海的秘密依然未被揭示,而且,不管怎样,没有一个国家会放弃扩张主权的机会。

这一回,中国人站在了时代的前列。

1991年,中国大洋协会在国际海底管理局和国际海洋法法庭筹备委员会登记注册为国际海底开发先驱者,在领海和专属经济区以外的国际海底区域分配到15万平方千米的开辟区,马上开始勘探调查。

1999年,中国完成了开辟区调查。按照约定,上交勘察资料,宣布放弃开辟区内50%区域的开采权——这算是上缴的管理费。就此,中国大洋协会为我国在上述区域获得7.5万平方千米具有专属勘探权和优先商业开采权的金属结核矿区。

这是什么概念呢?7.5万平方千米,只比江苏省面积小一点,下面铺了将近200米厚的金属矿藏,就已经算是我们的了。

目前,中国已经和国际海底管理局签订了《勘探合同》,从国际海底开辟活动的先驱投资者成为国际海底资源勘探的承包者。等到我们的深海机器人造好,采矿和运输技术成熟,也许在 10 年之内,就可以看到太平洋捞回来的锰和镍了。

争夺海洋权益的斗争,并不总是刀光剑影,经常是在神不知鬼不觉的情况下完成的。开发勘探大洋,我们现在的水平大概是全球第三名。一般来说,研究大洋勘探技术和勘探工作,需要 15 年以上的时间,开采技术实用化,需要 15~20 年的时间,到了现在,只要我们不停步,落后于我们的人,大概赤脚也追不上了。开发大洋的意义和它对我国科研水平和工艺水平的促进,可与昔日的两弹一星相比。两弹一星是绝境下的自我保护,而开发大洋是主动出击。

也许今后我们会有幸看到一个漂浮的中国,一个每三五年就会扩张5 万平方千米左右的海底国土。这个地方,目前就在夏威夷以北,日本以东,美国西边的太平洋上。

而且,我们的"蛟龙"号已经下海了。

"蛟龙"号传奇

为推动中国深海运载技术发展，为中国大洋国际海底资源调查和科学研究提供重要高技术装备，同时为中国深海勘探、海底作业研发共性技术，中国科技部于2002年将深海载人潜水器研制列为国家高技术研究发展计划（863计划）重大专项，启动"蛟龙"号载人深潜器的自行设计、自主集成研制工作。

（一）"蛟龙"号横空出世

在国家海洋局组织安排下，中国大洋协会作为业主具体负责"蛟龙"号载人潜水器项目的组织实施，并会同中船重工集团公司702所、中科院沈阳自动化所和声学所等约100家中国国内科研机构与企

"蛟龙"出水

业联合攻关，攻克了中国在深海技术领域的一系列技术难关，经过6年努力，完成载人潜水器本体研制，完成水面支持系统研制和试验母船改造，完成潜航员选拔和培训，从而具备开展海上试验的技术条件。

建造成的"蛟龙"号长、宽、高分别是8.2米、3米与3.4米；空重不超过22吨，最大荷载是240千克；最大速度为每小时25海里，巡航每小时1

海里;最大工作设计深度为 7 000 米,理论上它的工作范围可覆盖全球99.8%海洋区域。

与国外同类深海潜水器相比,近底自动航行和悬停定位、高速水声通信、充油银锌蓄电池容量被誉为"蛟龙"号的三大技术突破。

(1)"蛟龙"号可稳稳"定住"

如同开车一样,驾驶员的脚总放在油门上,难免产生疲劳感。"蛟龙"号驾驶员是幸运的,它具备自动航行功能,驾驶员设定好方向后,可以放心进行观察和科研。

"蛟龙"号现在可以完成三种自动航行:自动定向航行,驾驶员设定方向后,"蛟龙"号可以自动航行,而不用担心跑偏;自动定高航行,这一功能可以让潜水器与海底保持一定高度,尽管海底山形起伏,自动定高功能可以让"蛟龙"号轻而易举地在复杂环境中航行,避免出现碰撞;自动定深功能,可以让"蛟龙"号保持与海面固定距离。

(2)更为令人称奇的是,"蛟龙"号还能悬停定位

一旦在海底发现目标,"蛟龙"号不需要像大部分国外深潜器那样坐底作业,而是由驾驶员行驶到相应位置,"定住"位置,与目标保持固定的距离,方便机械手进行操作。在海底洋流等导致"蛟龙"号摇摆不定,机械手运动带动整个潜水器晃动等内外干扰下,能够做到精确地"悬停"令人称道。在已公开的消息中,尚未有国外深潜器具备类似功能。

(3)深海通信靠"声"不靠"电磁"

陆地通信主要靠电磁波,速度可以达到光速。但这一利器到了水中却没了用武之地,电磁波在海水中只能深入几米。"蛟龙"号潜入深海数千米,如何与母船保持联系?

科学家们研发了具有世界先进水平的高速水声通信技术,采用声呐

通信。这一技术需要解决多项难题,比如水声传播速度只有每秒1 500米左右,如果是7 000米深度的话,喊一句话往来需要近10秒,声音延迟很大;声学传输的带宽也极其有限,传输速率很低;此外,声音在不均匀物体中的传播效果不理想,而海水密度大小不同,温度高低不同,海底回波条件也不同,加上母船和深潜器上的噪音,如何在复杂环境中有效提取信号难上加难。

(二)"蛟龙"号纵横四海

从2009年8月开始,"蛟龙"号载人深潜器先后组织开展1 000米级、3 000米、5 000米级海试,验证了"蛟龙"号载人潜水器的各项性能和功能指标。

2012年6月1日上午,中国载人深潜7 000米级海试全体参试人员从江苏出发。2012年6月15日7时,3名试航员叶聪、崔维成、杨波乘"蛟龙"号载人潜水器开始进行7 000米级海试第一次下潜试验,最终成功潜入水下6 671米。

海试第二次下潜试验在19日5时进行,并最终成功深潜至水下6 965米。第二次下潜试验的主要任务是复核潜水器故障排除的效果,继续验证潜水器在6 000米深度的各项功能和安全性,并在潜水器状态良好的前提下进行海底作业。

6月22日,"蛟龙"号载人潜水器完成7 000米级海试第三次下潜试验,并安全返回。这次试验最大下潜深度达到6 963米,并获得了一个生物样品。

6月24日,"蛟龙"号载人潜水器7 000米海试在西太平洋马里亚纳海沟进行了第四次下潜试验。北京时间6月24日5时29分潜水器开始注水下潜;6时44分,"蛟龙"号下潜深度超过3 000米;7时40分,蛟龙号下潜深度超过 5 100 米;8 点 54 分,下潜深度 7 005 米;9 点 15 分,潜水器已经坐底,最大下潜深度 7 020 米。

6 月 27 日,"蛟龙"号载人潜水器 7 000 米海试在西太平洋马里亚纳海沟进行了第五次下潜试验。此次下潜的重点是检验潜水器精确作业的能力,进行定点作业,搜寻此前下潜试验时在海底布放的标志物。"蛟龙"号经过 3 个多小时的下潜后,潜至 7 062.68 米,刷新了三天前才创造的纪录。

6 月 30 日,"蛟龙"号载人潜水器 7 000 米海试在西太平洋马里亚纳海沟进行了第六次,也是本次海上试验的最后一次下潜试验。下潜试验主要任务是在对前五次下潜试验的结果进行综合分析的基础上"查缺补漏"地进行检验,安排相应试验内容。

至此,"蛟龙"号试验完全成功。

"蛟龙"号的机械探测臂在海底探查

(三)"蛟龙"号告诉世界

在"蛟龙"号诞生之前,世界上只有美国、日本、法国、俄罗斯四个国家拥有载人深潜器。这些国家的深潜器最大工作深度为 6 500 米,而"蛟龙"号的最大工作设计深度为 7 000 米,其价值和意义非同一般。值得夸奖的是,中国的科研人员并未止步,2013 年,他们又向 10 000 米发起挑战。

一方面,"蛟龙"号能运载科学家和工程技术人员进入深海,在海山、洋脊、盆地和热液喷口等复杂海底进行机动、悬停、正确就位和定点坐坡,有效执行海洋地质、海洋地球物理、海洋地球化学、海洋地球环境和海洋生物等科学考察。

另一方面,"蛟龙"号具备深海探矿、海底高精度地形测量、可疑物探测与捕获、深海生物考察等功能,可以对多金属结核资源进行勘查,可对小区地形地貌进行精细测量,可定点获取结核样品、水样、沉积物样、生物样,可通过摄像、照相对多金属结核覆盖率、丰度等进行评价等;对多金属硫化物热液喷口进行温度测量,采集热液喷口周围的水样,并能保真储存热液水样等;对钴结壳资源的勘查,利用潜钻进行钻芯取样作业,测量钴结壳矿床的覆盖率和厚度等;可执行水下设备定点布放、海底电缆和管道的检测,完成其他深海探询及打捞等各种复杂作业。

同时,蛟龙号的研制在军事上也潜在极大的利用价值。

海洋研究,中国是后来者,但相信中国不会永远落后。当初在开发海洋时,中国严重落后于时代,结果挨了一百五十年的打。今天,我们相信,要实现中国的崛起,要实现中华民族的伟大复兴,向海洋进军也是重要的道路。

海洋的开发与保护

人类与海洋的关系无比密切。全世界超过一半的人口居住在离海岸 100 千米范围以内,十分之一的人口居住在 10 千米范围以内。对于海洋,我们捕捞,我们采集,我们挖掘,我们倾倒,海洋任劳任怨。我们正计划着新的海洋世纪。然而,在人类的蹂躏下,海洋已经不堪重负。

事实上,我们对于海洋的破坏已经严重到无法忽视的地步。

也许,还没有等我们到海洋淘到宝,这个蓝色聚宝盆就已经被我们毁灭掉了。

纽芬兰渔场的毁灭

纽芬兰渔场位于加拿大境内,大西洋上的纽芬兰岛附近海域。它曾经同日本北海道渔场、欧洲北海渔场、秘鲁渔场合称"世界四大著名渔场"。它位于墨西哥湾暖流与拉布拉多寒流交汇处,海水扰动引起营养盐类物质上泛,为鱼类提供了丰富的饵料,鱼类在此大量繁殖。素以"踏着水中鳕鱼群的脊背就可以走上岸"著称。但在几个世纪的肆意捕捞之后,特别是 20 世纪五六十年代大型机械化拖网渔船开始在渔场作业后,纽芬兰渔场渐渐消亡,90 年代之后已不可见。现今纽芬兰渔场已成为历史。

(一)纽芬兰渔场的发现

15 世纪末期,航海术的发展与现实的需要,使欧洲掀起了开辟新航路、到世界各地探宝的热潮。1508 年,英格兰国王亨利七世派塞巴斯蒂安·卡波特率领两艘帆船出海探航。船队先经过冰岛和格陵兰岛,到达拉布拉多半岛。卡波特考察了北纬 64°的拉布拉多半岛东海岸,在经过今天的哈得逊海峡后,船队进入一片开阔的大海,卡波特将其命名为"太平洋"(即今天的哈得逊湾)。

因惧怕严寒和浮冰,船员拒绝深入"太平洋"探查,并以哗变相要挟,卡波特只得退出哈得逊海峡,并于 1509 年返航。虽然卡波特未能如愿以偿地找到去亚洲的新航路,却发现了一个隐藏了千年的宝藏———纽芬兰渔场。看到眼前多得令人吃惊的鳕鱼,卡波特这样描述:"这里的鳕鱼多得不需用渔网,只要在篮子里放块石头沉到水中再提上来,篮子里就装满了鱼。"随着纽芬兰渔场这一渔业宝库的发现,大批葡萄牙人、法国人和英国人纷纷来到纽芬兰浅滩捕鱼,并在纽芬兰岛沿岸建立起了一座座大小渔村。

当时,欧洲有许多人还过着忍饥挨饿的生活,但是纽芬兰数量惊人的鳕鱼供应不仅解决了欧洲人的温饱问题,还为欧洲培育了一代又一代强悍的海员,因为捕鱼作业不但规模巨大,而且路途遥远,气候变化无常。由此培育出的训练有素的海员,后来成为英格兰和荷兰舰队的中坚力量,并在击败西班牙和葡萄牙的海战中立下了汗马功劳。

纽芬兰渔场在挽救了欧洲的同时,也挽救了当时被饮食禁忌所困的教会。天主教会规定在斋戒日不许吃肉,但是可以吃鱼。当时根据规定,星期五、复活节前40天以及宗教日历上特别加注的日子,都是不许吃肉的,而一年中这些日子加起来超过大半年。由于没有足够的鱼,这大半年的时间,教徒们就只能依靠素食和精神过日子了。长期吃素导致教士们身体素质急剧下降,严重危及宗教在欧洲的传播和持续发展。鳕鱼干是一种耐保存又便宜的高蛋白食品,纽芬兰渔场源源不断的鳕鱼干使教徒的生活由苦熬变成享受,那些守斋日也变成了吃腌鳕鱼干的好日子。

(二)鳕鱼的贡献

鳕鱼成了16世纪欧洲贸易中最重要的商品。

1865年11月15日纽芬兰发行了一枚鳕鱼邮票,这是世界首枚鱼类邮票。这枚邮票主图是大西洋鳕鱼,邮票为雕刻版,绿色,面值2分。在当时,邮票的图案大多数是各国君主头像,如1840年英国发行的世界首枚邮票——黑便士邮票图案便是维多利亚女王的肖像。鳕鱼邮票的发行,充分证明鳕鱼当年纽芬兰的经济上占有相当重要的地位,其重要性足以与女王陛下相提并论。

纽芬兰渔场的鳕鱼是如此之多,人们怎么也想不到有一天它会被捕捞殆尽。

(三)毁灭

纽芬兰海域传统的捕鱼方式是由较大的渔船运载数只小渔船,到离岸较远的海域卸下小船。每只小船上有两到三名渔民。他们分头在附近撒网捕鱼。当小船满载后便驶向大船,卸下舱中的收获,然后再继续撒网。一只小船每天往返两三次。晚饭后渔民们还要在大船上将当日捕到的鲜鱼腌制起来保存。数日后大船满载而归,驶回纽芬兰岛上的渔村。

渔民捕鱼

渔民每年都要定期休息,而渔民休息的日子又正好赶上了鱼类繁殖的季节。这种传统的捕鱼方式虽然捕捞量较大,但因为避开了鳕鱼群的产卵繁殖季节,从而保证了鱼群数量能够不断地繁衍并保持了生态的平衡。

但到了 20 世纪 50 年代,大型机械化拖网渔船成群结队地驶入了纽芬兰湾,使渔场遭遇灭顶之灾。拖网船庞大的捕鱼网兜掠过海底,所到之处鱼鳖虾蟹都在劫难逃。这一次,人们不需要把"战果"运回到岸上处理,因为宽大的渔轮上配备了现代化的冷冻技术,一条龙式的作业方式能把捕捞上来的鲜鱼速冻保鲜。

这些渔轮夜以继日地作业,不管晴天雨天,也不顾鱼类是否处于繁殖季节。据统计,这种大规模作业的渔轮一个小时便可捕捞 200 吨鱼,是16 世纪一条传统的渔船整个渔季捕捞量的两倍。

1949 年,正当鳕鱼快要面临灭顶之灾的时候,纽芬兰加入了加拿大联邦,成为加拿大的第十个省。加拿大政府从 20 世纪 60 年代末起陆续勘察纽芬兰渔场的鱼群状况,他们发现渔场的生产量开始急速下降,1975年已经减少了 60%。1977 年加政府以保护渔业资源为由,宣布了 200 海里领海权,把来自欧洲和美国的渔船排除到了大部分纽芬兰渔场之外。

渔民晒鱼

鳕鱼带来的财富实在太诱人,加拿大政府也抵挡不了。他们把欧洲和美国的渔船排除到纽芬兰渔场之外,却开始不遗余力地支持本国的渔业公司。这些受到政府支持的工业集团采用现代化的破冰船和高科技电子、声呐技术,让残存的鳕鱼无处可逃,并且将这一海域的生态环境破坏殆尽。到 20 世纪 90 年代,鳕鱼数量下降到 20 年前的 2%,达到了历史最低点。

1992 年,加拿大政府被迫下达了纽芬兰渔场的禁渔令。这使经营了近 500 年的纽芬兰第一大产业———捕鱼业顷刻破产,近 4 万渔民失业。失去谋生手段的纽芬兰人被迫远走他乡,岛上的人口在不到 10 年的时间里流失了 10%。这还间接造成了岛上许多村镇的荒弃和不少家庭的破裂。加拿大政府不得不以每年 4 亿加元的补偿计划,来解决纽芬兰失业渔民的生活和再就业问题。

然而,直到 2003 年———禁渔令实施了 11 年后,纽芬兰水域还是一片死寂,昔日似乎取之不尽的鳕鱼,如今却是踪影难觅。

更致命的是,由于生态环境被破坏,鳕鱼基因已经开始变异,它们的生长和繁殖方式都发生了根本变化。这就意味着无论花多少钱,都不可能再有"踩着鳕鱼群的脊背就可以走上岸"的日子了。无奈之下,加拿大渔业部只得宣布:彻底关闭纽芬兰及圣劳伦斯湾沿海渔场。

曾经与北海道渔场、北海渔场、秘鲁渔场合称为"世界四大著名渔场"的纽芬兰渔场,就这样毁于人类永无止境的贪婪。

鲨鱼的危机

海里什么动物最可怕？十个人会有九个说是鲨鱼,其中三个会具体提到大白鲨,甚至会兴奋地提到它们狰狞的面容、锋利的牙齿、冷漠的眼神和血腥的故事。

对于鲨鱼的恐惧由来已久。鲨鱼在人类与大海打交道的历史中,占据了极其重要的章节。从热带到温带海洋,甚至寒冷的北冰洋,都流传着鲨鱼吃人的惊险故事。然而这并非事实的真相。

欢迎来到真实的鲨鱼世界。

（一）真实的鲨鱼家族

你相信吗？鲨鱼在地球上已经存在了 4 亿年！也就是说,恐龙还没有出现的时候,它们就已经在广袤的大海里游弋;当恐龙在陆地称霸的时候,它们和鱼龙一起在深海里竞争;当灭绝恐龙那场天灾发生的时候,它们在海底深处过着自己的小日子……直到今天,人类成为地球的主人,它们依然是海洋的一方霸主。而且,化石显示,1 亿年以来,它们根本就没有变化过。

鲨鱼其实是一个大家族。大白鲨只是该家族的明星代言人。据统计,世界上有 380 种鲨鱼。最大的鲨鱼叫鲸鲨,同时也是世界上最大的鱼类,成年鲸鲨体长 18 米,体重 40 000 千克,样子巨大,却和蓝鲸一样,以浮游生物为食;最小的鲨鱼是侏儒角鲨,只有 6 寸长,小到可以放到手上;

柠檬鲨因体色与柠檬近似而得名；锤头鲨，又名双髻鲨，头部扁平而宽阔，好像是顶着一把大铁锤……

最令大家感兴趣的话题是：鲨鱼吃人么？

大白鲨

资料显示，380 种鲨鱼只有不到 30 种会攻击人类，其中 7 种可能造成死亡，多数鲨鱼见人就躲。在鲨鱼杀手名单上，前三名是大白鲨、虎鲨和雄鲨。美国佛罗里达州自然历史博物馆的鲨鱼档案的记录，自 1876 年以来的一百多年时间里，鲨鱼袭击人类的案件不超过 500 起，其中致命的只有 100 起。想想每天世界各地的车祸，再想想每年被我们豢养的狗咬死咬伤的人数，鲨鱼对我们的危害实在是微乎其微。甚至死于雷击的人数也远远超过鲨鱼。

现在，越来越多的科学家认识到，鲨鱼咬人其实是意外，并非鲨鱼嗜血如命。在鲨鱼造成的事故中，有百分之九十以上属于误伤。它们以为我们是其他的什么东西。

(二)鲨鱼家族的明星代言人

以鲨鱼家族的明星代言人大白鲨为例。

大白鲨所享有的盛名和威名举世无双。作为大型的海洋肉食动物之一,大白鲨有着独特冷艳的色泽、乌黑的眼睛、凶恶的牙齿和双颚,这不仅让它成为世界上最易于辨认的鲨鱼,也让它成为几十年来极具装饰性的封面"人物"。

大白鲨是分布最为广泛的鲨鱼之一,这是因为它有一种不寻常的能力,使它可以保持住高于环境温度的体温,而这让它在非常冷的海水里也可以适意地生存。虽然很难在大多数的沿海地区看到它,但渔船和潜水船经常会与它不期而遇。

电影《大白鲨》原著小说《利鄂》的作者彼特·本奇利自称是"一个专职海洋环境学家"。他说:"若是今天,我就不会写《利鄂》。"他还说:"大白鲨并不专门针对人类发动攻击,除了罕见的例子,它几乎不伤人。"

有些科学家认为将大白鲨描述为"咬人鱼"似乎更确切。在大白鲨攻击游泳者事件中,大部分都只是在他们离开前咬一下人类而已。科学家们认为,这也许是人类的肉吃起来没有海豹、海狮那么香的缘故!现在更多资料揭示出大白鲨不为人知的一面:大白鲨不但智力高,好奇心强,最重要的是它们乐于与人接触。当你亲切的去对待它时,它也会亲切的去对待你。

——看到这里,你还会怕到海滩游泳吗?

(三)鱼翅

现在,不是人怕鲨鱼,而是鲨鱼怕人。

鱼翅是鲨鱼鳍制成的高档食品。因为鱼翅的价格甚高,近年来吸引各地渔民争相在海中捕杀鲨鱼,引致海中生态出现不平衡,甚至部分鲨鱼濒危。由于鲨肉价值很低,因此鱼翅渔业者在捕下鲨鱼后,仅割下鲨鱼的鳍部分,便将鲨鱼抛回海中以保持更多的空间存放价值更高的鱼翅。这些鲨鱼并不会立刻死亡,但会因失去游弋能力窒息而死,或者被其他鲨鱼捕食。

餐盘里的鱼翅

部分关注动物及生态的团体近年竭力宣传请求大众不要吃鱼翅,主要原因不仅是捕杀鱼翅的过程残忍,更因为由此导致鲨鱼总数大幅减少——50 年来下降了 80%。据估计,每年全球有 1 百万鲨鱼被捕杀,鱼翅的年产值达到 12 亿美元。

然而,研究表明,鱼翅并无特别的营养价值。事实上,近几年来,因为工业废水不断地排入海洋,每年进入海洋环境的石油高达两百万吨以上,使得海水中重金属含量较高,而鲨鱼处于海洋食物链的顶端,吞食了其他鱼类后,食物中的重金属也随之进入鲨鱼体内,积累下来,因此鲨鱼体内的重金属的含量会越来越多。

三丁基锡是用于船体防污涂料中的一种化合物,在意大利沿岸海域捕获到的鲨鱼的肾脏内已发现这种化合物。在东地中海的几种鲨鱼物种组织样本中也已经发现镉、铅、砷等金属元素。而 2001 年,曼谷唐人街市场的鱼翅抽查表明，10 个鱼翅中有 7 个含有高含量的水银，最高含量为允许量的 42 倍。

烹饪并不能去除水银或其他重金属的毒性。吃了鱼翅后，水银和其他重金属进入人体，难以被排出体外，而是在体内积蓄下来，会损害中枢神经系统、肾脏、生殖系统等，导致头昏、头痛、肌肉震颤、口腔溃疡、肾脏损害、性功能减退、流产等。

一些禁止捕鲨的法律已经获得通过，不过对公海上的捕猎行为还约束甚少。美国最近通过了全面禁止捕杀鲨鱼的法案，但仅能限制在美国注册的渔船和美国领海上的行为。鲨鱼必须整只进口而不能仅进口鱼翅部分。国际渔业组织也在筹划在大西洋和地中海上禁捕鲨鱼的协议，但是对太平洋和印度洋还没有相应的禁捕计划。大量捕杀海洋生态系统金字塔顶端的鲨鱼，会导致大量中小型鱼类因失去天敌而数量暴增，从而严重打乱整个海洋生态平衡。

或许有一天，你到海滩游泳将不再害怕鲨鱼，因为那时候已经没有鲨鱼了。

海洋 "垃圾场"

人类将海洋用作垃圾箱已经很久了。

如果不是 1972 年签署伦敦倾倒协议,这个垃圾箱甚至将装得更满、更加污秽,但是海洋仍然被严重地污染着。每年超过 6 000 万升的油从美国的街道流出,通过河流和排水沟流入大海。通过污水和医疗废物,抗生素和激素进入到海鸟和海洋哺乳动物系统中。水银和其他一些金属已经在金枪鱼、罗非鱼、海豹、北极熊和其他寿命较长的动物体内发现。

有放射性的排放物也是如此,无论是来自英格兰西岸的塞拉菲尔德核回收厂,还是来自俄罗斯的废品堆放场。在 1958 到 1992 年间,北冰洋被苏联或其接替者俄罗斯用作 18 个闲弃的核反应堆的搁置处,有些仍含有核燃料。在世界各地,油溢出物经常污染着海岸。

农药污染也是沿海污染的重要来源。含汞、铜等重金属的农药和有机磷农药、有机氯农药等,毒性都很强。它们经雨水的冲刷、河流及大气的搬运最终进入海洋,能抑制海藻的光合作用,使鱼、贝类的繁殖力衰退,降低海洋生产力,导致海洋生态失调,还能通过鱼、贝类等海产品进入人体,危害人类健康。沿海居民生活污水的排放也对海洋环境构成严重威胁。生活污水中含有大量有机物和营养盐,可引起海水中某些浮游生物急剧繁殖,大量消耗海水中的溶解氧。海水中氧气含量减少会使鱼、贝类等生物大量死亡。

许多人认为，内陆地区和海洋没什么关系。而实际上，内陆的污染物会通过江河径流、大气扩散和雨雪沉降而进入海洋，可以说，海洋是陆上一切污染物的"垃圾场"。

海洋成了世界上最大的"垃圾场"

海洋的胃口很大，能消化许多有机物质，但即便如此，大海也不能消化所有的东西。不能消化的，它又吐出来，不仅污染海水，也污染海岸。

地中海西北沿岸的法国和西班牙海域，已经"接纳"了 1.75 亿吨垃圾废物。每天，海水将它们不能"解决"的东西再还给海岸，在那里每千米海岸每天收回大约两立方米的垃圾。

有些海洋垃圾不易分解，存在时间长达几十年，如塑料、金属、玻璃等。其中，塑料垃圾还会吸附海中的毒性有机化合物。2006 年联合国环境规划署估算，每平方千米海洋含有差不多 18 000 片漂浮的塑料。很多一直在太平洋的中心，科学家们认为那里的塑料废弃物有 100 万吨之多，悬浮在两个分开的垃圾旋涡中，面积超过美国的两倍大小。

海里大约 90％的塑料由风或水从陆地带来，它们分解或下沉需要几十年的时间。海龟、海豹和鸟不经意吃下这些东西,而且不止发生在太平洋。一项荷兰的对在北海附近的一些国家收集的 560 个臭鸥尸体的研究发现,95％的臭鸥胃里有塑料,平均每只里有 44 片。海龟很喜欢吃在水中好像水母一样漂浮的塑料袋。曾经有人发现一只海龟的肛门有白色物品,很奇怪,拉出来发现是只白色塑料袋,接着又有一个,就这样,一共拉出了 4 个。有些海龟由于误食塑料,无法沉入海水中觅食,只能浮在水面等着死去。

垃圾遍地的海滩

而被废弃的渔网更是许多海洋生物的噩梦,每年丧生于这些死亡陷阱中窒息而亡的海豹都多达上千头,同时受到威胁的还有鲨鱼、海豚和其他海洋鱼类及哺乳动物。

海水的污染物中,有五分之四来自海岸,因此,在环保人士看来,彻底解决海洋污染的唯一途径是在海岸回收所有废旧物品。海洋垃圾可随洋流和海风长距离移动,会跑到非常偏远的地方。人们正在采取一些行动。志愿者收集了一些塑料碎片,它们是通过洛杉矶河被冲进海里的,每周搜集有上亿片。然而努力远远不够。

从赤潮到"死区"

"赤潮",被喻为"红色幽灵",又称红潮,是海洋生态系统中的一种异常现象。它是由海藻家族中的赤潮藻在特定环境条件下爆发性地增殖造成的。海藻是一个庞大的家族,除了一些大型海藻外,很多都是非常微小的植物,有的是单细胞植物。根据引发赤潮的生物种类和数量的不同,海水有时也呈现黄、绿、褐色等不同颜色。

赤潮的危害主要表现为:

一是大量赤潮生物集聚于鱼类的鳃部,使鱼类因缺氧而窒息死亡。

二是鱼类吞食大量有毒藻类,大量死亡。

三是有些藻类可分泌有毒物质使水体污染导致鱼类死亡。

四是赤潮生物死亡后,藻体在分解过程中大量消耗水中的溶解氧,导致鱼类及其他海洋生物因缺氧死亡,同时还会释放出大量有害气体和毒素,严重污染海洋环境,使海洋的正常生态系统遭到严重的破坏。

此外,当鱼类和贝类处于有毒赤潮区域内,摄食这些有毒生物,虽不能被毒死,但生物毒素可在体内积累,其含量大大超过食用时人体可接受的水平。这些鱼虾和贝类如果不慎被人食用,就引起人体中毒,严重时可导致死亡。

由赤潮引发的赤潮毒素统称贝毒,目前确定有 10 余种贝毒的毒素比眼镜蛇毒素高 80 倍,比一般的麻醉剂,如普鲁卡因、可卡因还强 10 万多倍。赤潮毒素引起人体中毒事件在世界沿海地区时有发生。据统计,全世界每年因赤潮毒素引起的中毒事件有 300 多起。

在自然状态下,赤潮偶尔会发生。赤潮发生后,除海水变成红色外,海水的 pH 值也会升高,黏稠度增加,非赤潮藻类的浮游生物会死亡、衰减;赤潮藻也因爆发性增殖、过度聚集而大量死亡,赤潮就结束了。但现在,由于人类的活动,使得赤潮的爆发越来越频繁,危害也越来越大。

入海口的赤潮

每年,春季径流都在大江大河流域的农田里冲刷着富含氮氧的肥料,之后再将它们带入河流和小溪。同时带去的还有大量城市工业废水和生活污水。最后,不可计数的化学物质从入海口倾泻入海,它们使海里微小的浮游生物大量生长。这便是"赤潮"。

当这些浮游生物死掉,就沉入海底,它们的腐败物会夺走海水里的氧气。海水变成低氧的状态,使依靠氧气存活的鱼虾死亡。赤潮由此转变为"死区"。

但实际上"死区"并不是没有生物,相反,它充满着许多简单的、经常有毒的生物体。这些可能是原始的细菌,它们的近亲据人们所知繁盛于几十亿年前。有时它们将海染成绿色,有时它们使海变成红色。有时,它们制造的毒素向岸上飘荡,使得诊所里充满了咳嗽的患者。

近年来,美国密西西比河入海口的"死区"在每年夏天,都会扩大到相当于美国新泽西州大小的面积——约 2 万平方千米。据估计,现在地球上的海洋死区超过 400 个,而这个数据每隔 10 年就会翻倍。

在其他一些地方,像澳大利亚、西班牙和纳米比亚,赤潮产生了不同形状的简单的无脊椎动物——水母。当其他鱼类消失时,这些吃浮游生物的生物体进入,这使游泳者感到绝望,使渔民感到惊恐。然而一些拖船渔民已经适应,放弃了更多的传统捕获物,而捕捞水母。在 2006 年,差不多有 50 万吨这样的生物被捕捞,大部分是在亚洲,送去被中国人和日本人做汤和凉拌菜食用。

赤潮对渔业的危害非常大

"赤潮"本身并不会持续很久,然而"死区"的危害就要长期得多。它们不仅越来越多地影响河口和海湾,而且也影响内陆海,像波罗的海、卡特加特海峡、黑海、中国东海和墨西哥湾,这些全都是传统的渔场。

目前,世界上已有 30 多个国家和地区不同程度地受到过赤潮的危害,日本是受害最严重的国家之一。近十几年来,由于海洋污染日益加剧,我国赤潮灾害也有加重的趋势,由分散的少数海域,发展到成片海域,一些重要的养殖基地受害尤重。对赤潮的发生、危害予以研究和防治,涉及生物海洋学、化学海洋学、物理海洋学和环境海洋学等多种学科,是一项复杂的系统工程。

赤潮和"死区"的出现已经引起了人们的重视。在预防和治理赤潮方面,各国都倾尽了全力。因为赤潮和"死区"的危害如此明显。然而,危害稍小的海洋"沙漠"却在人们注意力之外悄然扩张。一项最新研究显示,海洋生物很难在海洋"沙漠"区域生存,然而受海洋水温逐渐升高的影响,海洋"沙漠"的扩张速度已超出了科学家的预测。

海洋"沙漠"是海洋中贫瘠的区域,约占全球海洋面积的20%,存在于亚热带环流。一项研究报告显示:与1998年相比,2007年太平洋和大西洋海洋生物稀少的盐水区增加了15%,海洋"沙漠"扩张了660万平方千米。

这种海洋"沙漠"扩张化同时导致海水表面温度平均每年递增1%,相当于0.02 ℃～0.04℃。海水升温使海水不同水层屏障现象更加恶化,阻止深度海域的营养物质上升到达海洋表面向植物生命提供食物。

研究者使用美国宇航局"海星"卫星进行勘测,该卫星对全球范围内海洋生物"生产率"(这里的海洋生物"生产率"是指海洋基础食物链中微生浮游植物所生成的叶绿素的数量)进行统计显示,太平洋低生物"生产率"从中部向夏威夷延伸,大西洋主要集中于加勒比海延伸至非洲的海域,其扩展速度比太平洋更快。两个大洋的海洋"沙漠"总面积大约为5 100万平方千米。

多数人都没有注意到这个消息。

珊瑚的噩梦——酸化

(一)美丽而又重要的珊瑚

珊瑚是非常美丽的,它们的绚丽多姿令人赞不绝口。在碧蓝清澈的海水底层,一片片、一簇簇珊瑚,像怒放的花朵争奇斗艳。大者一两米高,小者仅几厘米高。珊瑚的种类繁多,形态各异。有的珊瑚似驯鹿头上多枝的鹿角——鹿角珊瑚;有的珊瑚像破土而出的蘑菇——石芝珊瑚;有的酷似结构精巧的蜂巢——蜂巢珊瑚;还有的像人大脑发达的沟回——脑珊瑚;蔷薇珊瑚犹如一朵朵盛开的蔷薇;柳珊瑚像随风拂动的柳枝;还有的像苍松翠柏,像菊花牡丹,像伸展的手掌,像打开的圆扇,像扁扁的盘、圆圆的球等,可谓千姿百态。再看珊瑚的颜色:红的像玛瑙,绿的似翡翠,黄的像琉璃,可谓色彩斑斓。

很多人以为这千姿百态、色彩斑斓的珊瑚是植物,其实珊瑚并非植物,而是一种叫珊瑚虫的微小的腔肠动物。这种动物身体很小,一个珊瑚虫充其量不过一粒大米那样大。珊瑚虫像个肉质小口袋,周围长满有绒毛的触手。珊瑚虫多是群体生活,成千上万个珊瑚虫生活在一起,靠石灰质骨骼彼此相连,多呈筒状,直径从几毫米到2厘米。许多珊瑚虫通过肠道系统连在一起,它们有许多张嘴但只一个共同的"胃"和"肠道"。这是海洋生物中极为奇特的一种生活方式。

珊瑚树

珊瑚礁孕育了非同寻常的生物多样性。

珊瑚礁并非仅仅拥有美丽的外表以及栖息着丰富的物种。长期以来，它们一直充当着无数海洋生命的进化源泉的角色，其中甚至包括像蛤蜊和蜗牛这样通常被科学家认为从浅海水域起源的物种。

在珊瑚丛周围栖息和生活的生物，种类繁多，千奇百怪；它们的生活又与珊瑚礁的建成休戚相关，有的种类只能适应珊瑚礁环境，在这以外就不能生存。人们把珊瑚的这些"左邻右舍"归为一类，称为喜礁生物。按照喜礁生物的居住条件，可以把它们大致分成两大类：第一类是生活在表面附近的生物，它们能够用自动或被动的方法在水层内活动，如浮游动物和鱼类；第二类是定居在礁表面上的生物，数量极多，种类极杂。

在珊瑚礁表面生活的底栖动物主要有四大类：软体动物、有孔虫、棘皮动物和节肢动物，它们是珊瑚礁中最兴旺的"四大家族"。

——软体动物又叫贝类，是珊瑚群落中品种最多的一类，软体动物的贝壳五光十色，形态多样，是人们最喜欢采集的对象，自古以来人们都用来做装饰品。在造礁过程中,少数贝类以其贝壳固着礁石上参与建造骨架,大多数作为沉积物的重要组成部分之一。

——珊瑚群落中有孔虫是其中另一兴旺家族,属原生单细胞动物。有孔虫喜欢生活在潮湿的礁石底下或洼池中,过漂游生活或底栖生活,有的能忍耐周期性的干涸。

——棘皮动物是珊瑚礁表面上常见的底栖动物,体形多样,它是一种再生力很强的动物,其外部器官损伤后或断落后,还能够再生。在珊瑚礁中常见的种类是海参、海星、海胆和蛇尾类。

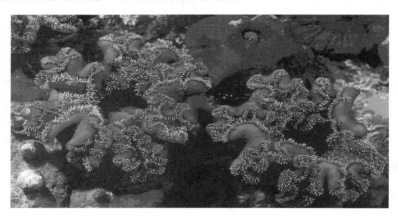

珊瑚礁

——节肢动物中主要有蟹和虾,寄居蟹。在珊瑚礁的成长中,它们的最大功绩是吞食尸体、清除腐物以利于新生命的繁殖。

尽管珊瑚礁的分布仅占全球陆地面积的 1%,但其中生活的海洋生物却占到了全球总数的四分之一,包括 100 多万种不同的鱼类。

(二)海洋酸化

然而,现在珊瑚礁和珊瑚礁庇护下的众多生命都遭受多种力量的围困,包括暴露于有毒化学物质和承受直接物理破坏。更严峻的威胁是,化石燃料燃烧导致海洋化学性质发生变化,但这种危险鲜为人知。

1956年,美国加利福尼亚州斯克里普斯海洋研究所的地球化学家罗杰·雷维尔和汉斯·修斯指出,必须测定空气和海洋中的二氧化碳含量,以便"更清楚认识到预知的大量工业生产的二氧化碳可能对未来50年气候产生的影响"。

他们必须在远离二氧化碳来源地和沉积地的偏远地点安装仪器。一个是几乎远离任何人能够到达的工业活动地与植物生长地——南极;另一个地点则位于美国夏威夷州莫纳罗亚山顶上新建的气象站。

监测活动从1958年一直持续到现在。结果证实雷维尔是正确的——二氧化碳进入大气,很大部分二氧化碳最终会进入海洋,进入海洋的二氧化碳会彻底改变海水的化学性质。

通过测定陷入冰芯中的空气泡,科学家们已经能够获得更长时间范围的信息。根据这种自然档案,科学家们了解到,几千年来,大气二氧化碳浓度几乎恒定不变,然后随着19世纪工业化开始而飙升起来。目前,二氧化碳比几百年前多了30%,而且,到本世纪末,还可能比以前的水平提高一倍或两倍。

二氧化碳急剧增加,主要来源是燃烧化石燃料——煤炭、石油和天然气。与活体生物的成分不同,化石燃料几乎不含或根本不含放射性形式的碳——碳同位素碳14。碳14的原子核有8个中子,而不是通常的6个中子。化石燃料中,两种稳定碳同位素(碳12和碳13)的比例也是独一无二的。因此,化石燃料燃烧在大气中留下了与众不同的同位素标记,这样,就没有人能够怀疑二氧化碳增加量从何而来了。

研究表明,自工业革命开始以来,海洋足足吸收了排放到大气中的化石碳的一半。

那么,这种变化对海洋环境究竟预示着什么呢?

解释这些海洋状况变化的影响,需要回顾一下某些基础化学知识。二氧化碳与水化合生成碳酸,就是碳酸饮料中的那种弱酸。像所有酸一样,碳酸向溶液中释放氢离子($H+$),在这种情况下,同时产生了碳酸氢根离子(HCO_3^-)和更少的碳酸根离子(CO_3^{2-}),并在周围游动。少部分碳酸留在溶液中,不发生离解,少量二氧化碳也如此。因而,由此形成的碳化合物与离子相当复杂。

所有这类溶解和离解的一个简单结果,就是氢离子浓度提高了,化学家通常用人们熟悉的 pH 值来进行量化。pH 值下降一个单位,就相当于氢离子浓度提高到原来的 10 倍,让水的酸性更强;而 pH 值上升一个单位,就相当于氢离子浓度下降为原来的 1/10.让水的碱性更强;中性 pH 值为 7。原始海水 pH 值为 8~8.3.这就意味着,在自然状态下,海水略带碱性。

比起工业革命之前来,海洋吸收二氧化碳已经导致现代地球表面海水的 pH 值大约下降了 0.1——碱性变弱,酸性增强。除非人类立即大幅度削减对化石燃料需求,不然到 2100 年,海洋 pH 值就将再下降 0.3。在对更遥远的将来所进行的大致预测中指出,从现在开始的几个世纪里,海洋 pH 值将比过去 3 亿年里的任何时候都要低,这让人忧心忡忡。

pH 值变动看起来似乎很小,但是它们足以引起我们警觉。最新实验表明,pH 值变化已经危害了某些海洋生物——特别是危害依赖碳酸盐离子来形成外壳(或其他硬质结构)的海洋生物,碳酸盐离子来自碳酸钙,这令人忧虑。

pH 值下降将妨碍某些生物形成碳酸钙的能力,足以使这些生物难以生长。某些最为丰富的生物可能会遭受同样影响,其中包括叫做球石藻类的浮游植物,它们被一小块碳酸钙覆盖,常常可以看到它们靠近海面游动——它们在此利用充裕的阳光进行光合作用。其他重要例子是浮游生物有孔虫和翼足目软体动物,这些微小的生物是鱼类和海洋哺乳动物(包括某些鲸类)的主要食物来源。

然而,海洋酸化影响最大的是珊瑚礁。

(三)珊瑚的灾难

珊瑚虫和虫黄藻是共生关系,两者相互依存,离开对方谁都不能生存。虫黄藻大多数都是自养生物,并会为宿主提供葡萄糖、甘油、氨基酸等光合作用的产物。虫黄藻可以为珊瑚礁提供高达90%的能源需求。作为回报,珊瑚虫为虫黄藻提供保护、居所、营养(主要是含有氮和磷的废料)和恒定供应光合作用所需的二氧化碳。通过对养分、光线及对过剩细胞的驱逐,珊瑚可以控制虫黄藻的数量,以免其过度繁殖。珊瑚之所以有颜色也是因为虫黄藻的存在。

濒死的珊瑚礁

然而，如果环境不适，虫黄藻离开宿主体内，珊瑚虫就变成白色，然后慢慢死亡了，叫做"漂白"。全球变暖和海洋酸化，使得珊瑚白化的现象频繁发生。

1997～1998年，世界珊瑚礁发生了大规模漂白和死亡现象。许多地方，如东非海岸和印度洋的大片区域，珊瑚死亡率接近100％。其他地区，如太平洋西部和南中国海，也受到严重影响，珊瑚死亡率达50％～70％。但太平洋东部和加勒比海所报道的数字要低一些。这样的珊瑚死亡水平是前所未有的，并且，没有证据能说明在过去珊瑚死亡曾达到过如此程度。

死亡的珊瑚礁

一项调查表明，世界范围内的珊瑚礁都受到了破坏：东南亚的珊瑚礁主要受到捕鱼（使用氰化物和炸药）、过量捕捞、泥沙沉积、污染和白化的威胁。这些珊瑚礁受到破坏性捕鱼、无管理的旅游业和由于气候变化导致的白化的破坏。2000年印度尼西亚414个珊瑚礁观察站提供的数据表明印尼仅6％的珊瑚礁处于完好的状态，24％处于良好状态，约70％处于恶劣至中等状态。粗略估计全球约 10％的珊瑚礁近乎死亡。威胁原因如上所述从捕鱼技术的环境影响直到海洋的酸化。珊瑚白化也是一个全球性的问题。估计全球 60％的珊瑚礁受到人类活动所造成的威胁。尤其在东南亚威胁特别严重,在这里 80％的珊瑚礁处于危险状态。

营造一个珊瑚礁,需要上千年的时间;毁掉一个珊瑚礁,只需要几分钟的时间。同时毁掉的,还有栖居在珊瑚礁上的不可计数的生命啊!

在濒危野生动植物种国际贸易公约附录Ⅰ、Ⅱ中明确指出石珊瑚目前所有种都属二级濒危野生动物。环保机构认为,如果不采取行动,到 2030 年,全球 90％的珊瑚礁将面临威胁;到 2050 年,几乎所有珊瑚礁都将面临威胁。

留给我们的时间并不多。

海洋生态噩梦——石油污染

(一)墨西哥湾漏油事件

2010年4月20日,一个名为"深水地平线"的钻井平台突然在美国路易斯安那州威尼斯东南约82千米的海域处引爆。灰色的团状烟雾与熊熊大火互相交织,灭火船迅速赶往现场,一场纪实版的水上火山电影呈现在人们的眼前。统计数据称,事故造成了11人失踪。

爆炸持续了36个小时,之后整个钻井平台沉入了海底,然后不断有原油浮现在海面上。

墨西哥湾上先是出现了一条条的油黄色飘带,此后拍摄的航空图片又能看到一个长达183千米、宽67千米的大型污染区,而且该污染区迅速伸向墨西哥湾的岸边,被污染的海域面积也随之扩大。

这是因为,钻井平台爆炸后出现了多处漏油点,因而原油不断渗漏到了海底,再从海底冒出。这些漏油点包括油井的隔水导管、钻探管等。

事故发生之初,有分析机构估计漏油量大约是每天1 000桶,但美国国家海洋和大气管理局的数据则明显比这大了5倍,约合3.5万吨的数量。十几天之后,整个浮油面积已高达2.3万平方千米。每天估计会有大约10万桶的原油漏出,一个月后漏出的油相当于一个约年产500万吨油田的月产量。

被石油污染的海面

虽然美国政府和有关石油政府全力以赴,终于两个月之后把漏油点全部堵上了,然而,污染事件已经造成。一年之后的调查证明:

——海底的无脊椎动物大量伤亡。科学家在海底发现大量死珊瑚虫和海蛇尾,以及充满石油黏液的管虫。现在几乎已经看不到海参。即使有些动物还活着,也是病恹恹的,行动非常怪异。在很多地方,海底沉积物表面覆盖了一层黏液。

——在濒危名单上的大西洋金枪鱼可能会被这次石油泄漏事故彻底摧垮。自事故发生至今,这种美味的海产品的数量已经下降了80%。专家表示,作为最坏打算,如果墨西哥湾的油污正好在金枪鱼的产卵季污染它们的产卵地,那么敏感的卵、幼虫和成年金枪鱼都将接触到有毒原油和化学分散剂。

——爆炸油井11千米处大约1 400米深的水下发现两个已经死亡和垂死的深海珊瑚群体。这些珊瑚已经褪色、分解,表面覆盖着一层棕色物质,研究人员认为墨西哥湾漏油事故是导致它们死亡的元凶。

海龟爬上被石油污染的海滩

墨西哥湾泄油事件是美国历史上最严重的海洋污染事件之一,直接经济损失上百亿,其所造成的生态损伤和经济损失不可估量,相关海域在今后数十年都将受到影响。

(二)海洋石油污染

海洋石油污染有两种来源:一种是天然来源,主要是生物代谢或死亡分解产生和海底石油渗漏等;另一种是因人类活动产生,以船舶运输、海上油气开采及沿岸工业排污为主。船舶泄漏是污染的主要来源。事实上,石油开采或其他海洋相关活动所造成的重大海洋污染事件,其实已经发生过多次。据统计,仅 1970 年至 1990 年,发生的油轮事故就多达 1 000 起。每年排入海洋的石油有 1 000 万到 1 500 万吨。其中影响较大的有:

(1)1978 年 3 月 16 日,美国标准石油公司的超级油轮"艾莫科·凯迪斯"号船舵失去了控制,随之在法国布列塔尼海岸搁浅,这是当时最严重的油轮溢油事件之一,也是损失最大的海岸搁浅航海污染事件之一。

(2)1981 年，英国北海油田海上钻井平台和一艘希腊油轮漏油，使斯堪的纳维亚半岛一带成为海洋生物的地狱，有数十万只海鸟罹难。

死在海滩上的鸟

(3)1989 年，美国 21 万吨级油轮"埃克森·瓦尔迪兹"号在阿拉斯加的威廉王子海峡触礁，泄漏出 5 000 万加仑原油，严重污染了阿拉斯加海域。焚化遇难海洋动物尸体花费了半年时间，而且焚化后的油浸物质达 5 万吨之多，需要用船运往俄勒冈的有毒物质垃圾场处理。

(4)1991 年，海湾战争中，艾哈迈迪输油管每天有几百万桶原油倾泻入海，在海湾内形成一片长 56 千米、宽 16 千米的油膜，溢油总量达 170 万吨。

(5)1997 年，俄罗斯"纳霍德卡"号油轮在日本岛根县隐奇岛东北海域突然断为两截，在断裂过程中流出的原油形成数十条油带，对当地的海产资源造成极大损害。

(6)1999 年，满载两万多吨重油的"埃里卡"号油船在法国布列斯特港以南 70 千米处海域沉没，严重污染了附近海域及沿岸一带。而此时正值海鸟迁徙季节，因此大约有 30 万只海鸟成为"埃里卡"号油船泄漏事故的牺牲品。

企鹅也成了海洋石油污染的受害者

(三)海洋石油污染的可怕之处

钻井平台或船舶泄漏的原油,都会在海水的动力作用下不断地向周围扩散。原油的成分非常复杂,一些常见的苯和甲苯等有毒有害物质在原油里面都有,因此对海洋生物的影响是最大的。一方面是原油与海水混合后,改变了海水的理化参数,如海水的颜色、透明度等,这些都会改变海洋生物原有的栖息、生长环境;同时,富集的有毒有害物质会造成它们大规模的死亡或外迁。另一方面,大面积的油膜减少了太阳辐射投入海水的能量,阻隔了海气的相互作用,造成海水缺氧,直接影响海洋植物的光合作用和整个海洋生物食物链的循环,从而严重破坏了海洋环境中正常的生态平衡,造成鱼类、虾类等因缺氧而死亡。

另外,污染的潜在危害更进一步扩展到发生地的生态系统中,存活下来的生物在几年时间里会将有毒物质遗传给后代。而且许多有害物质进入海洋后不易分解,经生物富集,通过食物链进入人体,危害人的肝、肠、肾、胃等,使人体组织细胞突变致癌,对人体及生态系统产生长期的影响。当泄漏的原油被冲上海岸带后,油污会污染洁净海滩,破坏景观,这对于那些以旅游业为支柱产业的国家来说,无疑是致命的打击。

被破坏的海洋

(一)鱼类大幅度减少

证据大量存在。鱼类曾经似乎是取之不尽的食物来源,现在几乎到处都在减少。按照一些科学家的调查,90％的大型猎食性鱼类(大的一些像金枪鱼、剑鱼和鲨鱼)已经消失。在河口和沿海水域,85％的大型鲸鱼消失了,60％的小型鲸鱼几乎也消失了。很多较小的鱼类也在减少。实际上,大部分我们熟悉的海洋生物,从信天翁到海象,从海豹到牡蛎,都损失惨重。

所有这些都是从相当近的时期开始的。在新斯科舍海岸捕捞鳕鱼已经有几个世纪,但是系统的猎杀仅仅是在 1852 年后开始的;按照鳕鱼的生物量(物种的总体数量)来说,96％现已被捕尽。加勒比海地区系统捕杀海龟开始于 1700 年,现接近 99％已被消灭。在墨西哥湾海域捕猎鲨鱼仅仅是在上世纪 50 年代才开始的,随区域不同,现已有 45％～99％被捕光。

(二)栖息地被破坏

很多生物的栖息环境也被人类活动所影响。鳕鱼栖息于海洋的底层,拖网渔民在寻猎它们和其他底栖鱼(像鳕鱼类和黑线鳕等)时,在船后拖着钢铁重物、辊子,还有渔网经过,损坏了巨大的海底区域。在墨西哥湾,拖网渔船年复一年来来往往地"辛勤"劳作,拖着巨大的渔网,刮破了海底,没有给动植物留下恢复的时间。在新英格兰、西非、日本以北的鄂霍次克、斯里兰卡的沿海水域,还可以发现鱼类,情况也与上面大致相同。

珊瑚礁里存在着大量的生物和多样的生态系统,使得它成为海洋里的雨林,但其受损尤其严重。珊瑚礁是大鱼的大量集中繁殖之地,这吸引了人类捕猎者,他们准备使用一切方法,包括炸药来捕杀这些猎物。可能仅仅有5%的珊瑚礁被认为还保持着原貌,但四分之一已经被破坏。

所有的珊瑚礁都易受到全球升温的损害。较高的气温使海洋表面水域的平均温度升高。对珊瑚礁来说,一个后果是珊瑚与藻类之间的共生被破坏,共生使珊瑚礁具有活性。当温度升高时,藻类离开或被迫离开,珊瑚呈现出变白的外观,然后可能死亡。

(三)二氧化碳增多与海平面上升

升温对冰的影响是使其融化。融化的海冰影响着生态系统和水流,但它不影响海平面,因为浮冰已经置换了相同重量的水。但是陆地上融化的冰川和冰盖带着大量的淡水流入海洋,海平面已经以平均每年大约两毫米的速度升高超过40年了,并且速度正在加快。最近的研究指出,在本世纪海平面非常可能升高总共达80厘米,然而还有一个似乎可靠的数字是两米。

按地质时期来讲,化石燃料的形成要5亿年,人类使用化石燃料大约超过100年了,将极大量的二氧化碳快速地排放到大气中。排出的二氧化碳有三分之一被海洋吸收并形成碳酸。动植物随时间的进化适应了在表面水域微碱(pH 值大约为 8.3)的环境下生存,现在不得不去适应酸度升高了30%的环境。某些生物无疑会繁盛,但是如果这一趋势继续下去,当它至少持续几十年后,蛤、贻贝、海螺和所有生有碳酸钙外壳的生物将生存困难。珊瑚虫也将如此,特别是那些骨架由霰石(一种极不稳定的碳酸钙形式）组成的种类。

被石油污染的海水

（四）其他

人类的干扰不止于二氧化碳。人类有意识、有计划地将大量垃圾抛入海洋，从污水到橡胶轮胎、从塑料袋到有毒废物等所有东西。人类也无意中将阻燃剂、船用油和重金属渗漏到大海，并且也经常将一些入侵性的物种带入海洋。许多由这些污染物造成的损害是肉眼不可见的，只有通过对死亡的北极熊或纽约寿司店里被享用的金枪鱼的体内分析，才能显示出来。

虽然如此，越来越多的游泳者、水手和那些借助卫星监视海洋的人，遇到了明显肉眼可见的被称为赤潮的藻花水华。这些现象在自然界一直发生着，但是近些年来它们在频率、数量和规模上都增加了，自从上世纪50年代广泛地使用人造氮肥以来，已变得很明显。当被这些化肥和其他营养剂污染的雨水流入海洋时，有毒的藻类和细菌的暴增出现了，它们杀死鱼类，吸收了几乎所有的氧气，留下了一个以黏土层为基础的微生物占优势的生态系统,在密西西比河入海的墨西哥湾就是如此。

被遗弃的海滩

这些现象每一个本身都是足够有害的,但是似乎都联结在了一起,通常表现为协同作用。杀灭了食物链中的一个物种,就引起了上端或下端的一系列变化。因此,北太平洋海獭的近乎绝灭,导致了海胆的大量繁殖,海胆随后毁掉了迄今维持着自身生态系统的巨藻林。如果酸化作用杀死了被称为翼足目动物的微小海螺,而以这些浮游生物为食的大鳞大马哈鱼属也可能死亡。然后其他鱼类可能进入,阻止了大马哈鱼返回,就如同在新英格兰的乔治海岸鳕鱼差不多被捕光时,其他鱼种进入一样。

(五)小结

总之,单独来临的灾害也许不是致命的,那些结合在一起到来的灾祸经常是不可抗拒的。少数维持着原始面貌的珊瑚礁,似乎能够抵御谁也逃脱不掉的升温和酸化作用,但是大部分同时也受到过度捕捞和污染的珊瑚礁则易于变白甚至死亡。生物多样性与相互依赖伴随,但是近几十年来人类给予的打击是如此多而严重,以至于海洋生物的自然平衡无论在哪里都被扰了。

这些变化是可逆转的吗？大多数科学家认为，例如渔业，可以通过正确的政策和适当的强制恢复正常。但是很多变化正在加速，并没有减速。有些变化，像海洋的酸化，将继续持续很多年，正是因为这些变化具备了条件，或已经发生。而有些变化，像北极冰帽的融化，可能已接近引起突然的、也许是不可逆的一系列事变发生的转折点。

　　无论如何，人类必需改变其行为方式，这是很清楚的了。当人类在数量上还处于相对少，只能相当低效地利用大海，并且至今还没有使用化石燃料的时候，人类能够承受得起将海洋视为一个无穷的资源。现在是一个 70 亿人口的世界，在 2050 年前将达到 90 亿，不能再如此做了。

　　发生广泛的大灾难的可能性简直太大了。

海洋污染概述

海洋污染是人类直接或间接活动排放的污染物进入海洋中,破坏海洋生态系统,引起海水质量下降的现象。其特点包括:

1.污染源广。不仅人类在海洋的活动可以污染海洋,而且人类在陆地和其他活动方面所产生的污染物最终也会汇入海洋。

2.持续性强。海洋是地球上地势最低的区域,一旦污染物进入海洋,很难再转移出去,不能溶解和不易分解的物质在海洋中越积越多,往往通过生物的浓缩作用和食物链传递,对人类造成潜在威胁。

3.扩散范围广。全球海洋是相互连通的一个整体,一个海域污染了,往往会扩散到周边,甚至有的后期效应还会波及全球。

4.防治难、危害大。海洋污染有很长的积累过程,不易及时发现,一旦形成污染,需要长期治理才能消除影响,造成的危害会影响到各方面,特别是对人体产生的毒害,更是难以彻底清除干净。

目前主要的海洋污染物有:

石油及其产品——进入海洋环境的石油及其炼制品主要来自经河流输送或直接向海洋注入的各种含油废水;海上油船漏油、排放和油船事故;海底油田开采溢漏及井喷等。海上石油污染主要发生在河口、港湾及近海水域,以及海上运油线和海底油田周围。海洋石油污染,使得大片海水被油膜覆盖,导致海洋生物大量死亡,危害人类健康,甚至造成生态灾难。

工作人员清理海滩的油污

重金属——污染海洋的重金属元素主要有汞、镉、铅、锌、铬、铜等。海洋的重金属人为来源主要是工业污水、矿山废水的排放及重金属农药的流失,煤和石油在燃烧中释放出的重金属经大气的搬运而进入海洋。海洋中的重金属一般是通过食用海产品的途径进入人体。汞(甲基汞)引起水俣病;镉、铅、铬等能引起机体中毒,或有致癌、致畸等危害。

农药——农业上大量使用含有汞、铜以及有机氯等成分的除草剂、灭虫剂,以及工业上应用的多氯酸苯等。这类农药具有很强的毒性,进入海洋经海洋生物体的富集作用,再通过食物链进入人体,人类所患的一些新型的癌症与此有密切关系。

有机物质和营养盐类——工业排出的纤维素、糖醛、油脂;生活污水的粪便、洗涤剂和食物残渣,以及化肥的残液等,这些物质进入海洋,造成海水的富营养化,能促使某些生物急剧繁殖,大量消耗海水中的氧气,易形成赤潮。

固体废物——主要是工业和城市垃圾、船舶废弃物等。这些固体废弃物严重损害近岸海域的水生资源和破坏沿岸景观。

我国海洋污染的现状和治理

据《2009 年中国海洋环境质量公报》称，2009 年，我国海域未达到清洁海域水质标准的面积为 146 980 平方千米，比上年增加 7.3％。严重污染海域主要分布在渤海湾、辽东湾、长江口、杭州湾、珠江口和部分大中城市近岸局部水域。海水中的主要污染物是无机氮、活性磷酸盐和石油类。局部海域沉积物受到重金属和石油类污染。部分贝类体内污染物残留水平依然较高。河流携带入海的污染物总量较上年有较大增长。73.7％的入海排污口超标排放污染物，部分排污口邻近海域环境污染呈加重趋势。海洋垃圾数量总体处于较低水平。全年发现赤潮 68 次，累计面积约 14 100 平方千米。

为保护海洋，自 1978 年以来，我国先后制定了《中华人民共和国领海及毗连区法》《中华人民共和国海洋环境保护法》《中华人民共和国渔业法》等一系列海洋和涉海法规，国务院及国家有关部门也制定了一系列行政法规和部门规章。这些涉海法律法规的颁布和实施，对促进我国海洋管理和环境保护起到了重要的作用。与此同时，我国逐步建立了海洋综合管理制度，编制了《全国海洋功能区划》《全国海洋开发规划》，发布了《中国海洋事业的发展白皮书》，制定了《全国海洋环境保护管理工作纲要》等。

为此，主要实施了如下举措：

——防止和控制沿海工业污染物污染海域环境。一是通过调整产业结构和产品结构,转变经济增长方式,发展循环经济。二是加强重点工业污染源的治理,推行全过程清洁生产。三是按照"谁污染,谁负担"的原则,进行专业处理和就地处理,禁止工业污染源中有毒有害物质的排放。四是执行环境影响评价和"三同时"制度。五是实行污染物排放总量控制和排污许可制度。

——防止、减轻和控制沿海城市污染物污染沿岸海域环境。包括调整不合理的城镇规划,加强城镇绿化和城镇沿岸海防林建设,保护滨海湿地,加快沿海城镇污水收集管网和生活污水处理设施的建设,增加城镇污水收集和处理能力,提高城镇污水处理设施脱氮和脱磷能力。

——防止、减轻和控制船舶污染物污染海域环境。在渤海海域,启动船舶油类物质污染物"零排放"计划,实施船舶排污设备铅封制度。建立大型港口废水、废油、废渣回收与处理系统,实现交通运输和渔业船只排放的污染物集中回收,岸上处理,达标排放。

——防止、减少突发性污染事故发生。制定海上船舶溢油和有毒化学品泄漏应急计划,制定港口环境污染事故应急计划,建立应急响应系统。目前,《中国船舶重大溢油事故应急计划》已经完成。今后将积极协调有关部门和沿海省、自治区、直辖市人民政府制定《国家重大海上污染事故应急计划》。

——防止和控制海上石油平台产生石油类等污染物及生活垃圾对海洋环境的污染。做到油气田及周边区域的环境质量符合该类功能区环境质量控制要求,不对邻近其他海洋功能区产生不利影响,开发过程中无重大溢油事故发生。海洋石油勘探开发应制定溢油应急方案。